ENGLISCHE GÄRTNERINNEN

Mrs. LOUDON's
GARDENING
FOR
LADIES.
H. CORBOULD

ENGLISCHE GÄRTNERINNEN

Gertrude Jekyll, Vita Sackville-West, Rosemary Verey
und viele andere

HELEN PENN

Mit einem Vorwort von Penelope Hobhouse

DUMONT

By arrangement with BBC Books, a division of BBC Worldwide Limited

DANKSAGUNG

Mein Dank gilt P. M. Pictures Ltd für die Anregung zu diesem Buch und für die Bereitstellung ihrer Unterlagen.

Wie alle, die über Gartenbau schreiben, schulde auch ich der Lindley Library der Royal Horticultural Society Dank. Es ist ein Vergnügen, in der Bibliothek mit ihrem hilfsbereiten Personal zu arbeiten.

Meine Redakteure bei der BBC haben sich verständnisvoll und kooperativ gezeigt und mir jede Unterstützung zukommen lassen, die ein Autor sich nur wünschen kann.

Danken möchte ich auch Chrissie Tuta, meiner langjährigen Freundin und gärtnerischen Weggefährtin. Wir haben Hunderte von Gärten und Gärtnereien besichtigt, gemeinsam Kurse besucht und Bücher über Gartenbau gelesen. Viele der in diesem Buch dargelegten Gedanken ergaben sich aus unseren Gesprächen. Ohne diese Anregungen wäre das Buch niemals geschrieben worden und meine gärtnerische Tätigkeit viel eintöniger gewesen.

In einem Buch wie diesem, das weitgehend auf Interviews basiert, sind Fehler unausbleiblich, obwohl wir uns sehr bemüht haben, sie zu vermeiden. Ich hoffe, sie sind jedenfalls nicht gravierend und letzten Endes verzeihlich.

Aus dem Englischen von Susanne Vogel

Titel der englischen Ausgabe: An Englishwoman's Garden

Die Deutsche Bibliothek – CIP-Einheitsaufnahme

Englische Gärtnerinnen/Helen Penn. [Aus dem Engl. von Susanne Vogel]. – Köln: DuMont, 1996
Einheitssacht.: An Englishwoman's Garden <dt.>
ISBN 3-7701-3694-2

Redaktion der deutschen Ausgabe: Werkstatt Gillhofer, München
Satz der deutschen Ausgabe: Heri Bettinger, Werkstatt Gillhofer, München
Printed and bound in Great Britain

FRONTISPIZ
Die Titelseite des viktorianischen Bestsellers
Mrs Loudon's Gardening for Ladies.

INHALT

VORWORT

von PENELOPE HOBHOUSE

Das vorliegende Buch skizziert das gärtnerische Leben von Frauen aller gesellschaftlichen Kreise und dokumentiert dabei, wie sie sich, namenlos oft und in den Chroniken unerwähnt, ihrer Leidenschaft für Pflanzen und Blumen hingaben. Helen Penn zeigt auf, wie sehr die Geschichte des englischen Gartenbaues von Frauen bestimmt wurde. Im Mittelalter trieben englische Königinnen den Gartenbau voran: Königin Eleonore von Kastilien beschäftigte im 13. Jahrhundert erstmals Gärtner und brachte die Malve aus Spanien auf die Insel; die Mutter Königin Philippas von Hennegau führte 1338 den Rosmarin ein und gab eine Expertise über seine Eigenschaften in Auftrag. Ab Anfang des 17. Jahrhunderts befaßten sich Hausfrauen mit den Handbüchern von Schriftstellern wie Thomas Hill, Thomas Tusser und William Lawson. Zu ihren Aufgaben gehörten das Verlesen von Samen, das Konservieren von Früchten und das Sammeln und Destillieren von Kräutern – Arbeiten, die Können und Geschick erforderten und von denen das Wohlbefinden der Familie abhing. Einfachste Frauen jäteten in den Gärten der Reichen für ein paar Pence die Stunde das Unkraut.

Helen Penn verfolgt über die Jahrhunderte hinweg die Geschichte von Frauen, die sich als Förderinnen von Gärten, Archivarinnen, Illustratorinnen im Bereich der Botanik, Besitzerinnen von Gärtnereien und Hobbygärtnerinnen einen Namen gemacht haben. Die Damen der viktorianischen Zeit leisteten Außerordentliches in ihren Gärten, doch der Zeitgeschmack wandelte sich. Es waren Persönlichkeiten der Ära Edwards VII., die die Gestaltung von Blumengärten zu einer Kunstform, gleichbedeutend der Malerei, erhoben und einen völlig neuen Stil des englischen Gartens prägten. Die gern zitierte Miss Jekyll, eine ausgebildete Malerin, empfahl, Pflanzen so zu verwenden, „daß sie schöne Gemälde ergeben“. Sie war es, die den Gärtnerinnen den entscheidenden Impuls gab, der sie im 20. Jahrhundert zu herausragenden Leistungen in allen Bereichen des kreativen und ökologischen Gartenbaues ermutigte.

Während sich der praktische Gartenbau zunehmend technisch und in gewisser Weise eher männlich orientiert (wie viele Frauen interessieren sich schon für die neuesten Maschinen oder die juristischen Spitzfindigkeiten bei der chemischen Kriegsführung gegen Schädlinge und Krankheiten?), geben Frauen zunehmend bei Fragen der Ästhetik den Ton an. Seriös, intuitiv, gründlich, mit Liebe zum Detail und vor allem zu den Pflanzen, sind Frauen nach wie vor mit Engagement dabei, den Gartenbau der Alltäglichkeit zu entrücken und in die schönen Künste einzureihen.

Penelope Hobhouse
Tintinhull
März 1993

EINFÜHRUNG

Das Buch handelt nicht von Gartenarbeit. Es gibt keine praktischen Tips, oder höchstens indirekt. Leser, die sich mit den bekannten Kümmernissen des Gärtners – Schnecken, stinkender Kompost, Bauschutt, Löwenzahn und Klee im Rasen, Sternrußtau an Rosen, Würmer in den Möhren, trockene Sommer und nasse Winter und dergleichen mehr – herumplagen, finden hier keine Lösung für ihre Probleme. Ebensowenig handelt dieses Buch von Pflanzen, obwohl es dies ohne weiteres hätte tun können. In der Geschichte des englischen Gartenbaues geht es vor allem um den Erwerb und die Verbreitung von Pflanzen. Man nahm alle erdenklichen Anstrengungen auf sich, um Gewächse aus dem Ausland zu bekommen, zu vermehren, zu züchten und auszustellen, über sie zu schreiben und sie zu zeichnen. Die meisten der in Großbritannien kultivierten Pflanzen stammen aus anderen Teilen der Welt.

Das Buch handelt von Menschen, die Gärten machen – vor allem von den Frauen unter ihnen. Die Gärtnerei ist in Großbritannien ein überaus populäres Hobby, das von Männern und Frauen aller Schichten und Berufe ausgeübt wird. Für seine Beliebtheit gibt es viele psychologische und soziologische ebenso wie rein gärtnerische Gründe. Dennoch ist die Behauptung nicht abwegig, daß Männer im Gartenbau zwar häufiger Karriere gemacht, Frauen aber hier ihre Leidenschaft entdeckt haben. Sie wurden brillante Gärtnerinnen, obwohl sie nicht immer die gebührende Anerkennung für ihre Leistungen erhielten und oft, wie in vielen anderen Bereichen, daran gehindert wurden, ihre Begabung auszuleben. Auch wenn die konventionellen Geschichtsbücher etwas anderes verkünden: das gärtnerische Engagement von Frauen reicht weit zurück.

Der Garten in Upton Grey, Hampshire, ist ein Gemeinschaftswerk von Edwin Lutyens und Gertrude Jekyll. Hinter einer Steinmauer wächst Ziest, eingerahmt von den überhängenden Zweigen einer *Clematis montana.*

Die amerikanische Schriftstellerin Alice Walker mutmaßt in ihrer Sammlung von Essays mit dem Titel *Auf der Suche nach den Gärten unserer Mütter*, daß ihre Mutter, die die meiste Zeit ihres Lebens in bitterer Armut lebte, im Garten arbeitete, weil es für sie das einzige Ventil für ihre Kreativität, das einzige künstlerische Ausdrucksmittel war. Als Baumwollpflückerin und Mutter von acht Kindern blieb ihr wenig Zeit und Energie. Dennoch war das Gärtnern für sie so lebenswichtig wie das Atmen. Sie stand sehr früh auf, um am Brunnen Wasser für die Blumen zu holen, schuftete auf den Feldern, brachte das Haus in Ordnung, kochte und ging am Abend erneut in den Garten, wo sie grub, umpflanzte, schnitt und alles Notwendige erledigte, bis sie in der Dunkelheit nichts mehr sehen konnte.

> Mir fällt auf, daß meine Mutter, nur wenn sie in ihren Blumen arbeitet, etwas Strahlendes hat; beinahe so stark ist das Strahlen, daß sie selbst dahinter verschwindet – nur noch als Schöpferin, als Hand und Auge da ist. Sie ist in die Arbeit vertieft, die ihre Seele besitzen muß. Sie ordnet das Universum nach dem Bild ihrer persönlichen Vorstellung von Schönheit.

Überlieferungen dieser Art gibt es nicht viele. Bis in die jüngste Zeit hinein wurden nur Frauen aus wohlhabenden und einflußreichen Kreisen einer Erwähnung für wert befunden, kaum aber jene, die ein einfaches, hartes Leben führten. Die fehlenden Aufzeichnungen legen den Schluß nahe, daß das Engagement und die Leidenschaft für den Garten, die Ehrfurcht vor der Schönheit von Blumen und dem Wachsen der Pflanzen und das Bemühen um ihre Komposition ein neues Phänomen sei. Oft wird der historische Ablauf des Gartenbaues dargestellt als die Geschichte begüterter Grundbesitzer, die die führenden Gartenarchitekten ihrer Zeit mit der Gestaltung großer Areale beauftragten – unter Einbeziehung neuester Elemente und Kunstformen der grünen Designerzunft: Hügel, Parterres, Irrgärten, Formschnitt, Seen und Alleen mit klassischen Statuen an ihrem Ende.

Der Gartenbau ist viel prosaischer und persönlicher, als diese Geschichtsklitterung glauben macht. Das vorliegende Buch vermittelt ein Bild von den Entwicklungen im Gartenbau und ihren Auswirkungen auf Frauen, aber auch davon, wie einflußreiche Frauen ihrerseits in den letzten anderthalb Jahrhunderten den Gartenbau geprägt haben. Das Gärtnern ist eine häusliche Tätigkeit und als solche oft mit anderen Haushaltspflichten verquickt. Zugleich ist es einer der wenigen Bereiche, in denen Amateure und Profis gemeinsam auftreten; die Übergänge von einem zum anderen verlaufen relativ fließend. Hierin liegt ein weiterer Grund dafür, daß sich Frauen als Gärtnerinnen profilieren konnten: sie werden nicht durch berufliche Schranken behindert, sondern können sich auch ohne Klettertour über die Karriereleiter einen Namen machen.

Der Gartenbau ist eklektisch. Er ist nicht jenen vorbehalten, die Knowhow, Platz, Geld oder Reputation besitzen. Jeder, der über eine Grünfläche hinter dem Haus, einen Balkon oder auch einen Schrebergarten verfügt, kann ihn betreiben. Außerdem ist er kumulativ, das heißt, man braucht viel Zeit, um zu lernen, wie verschiedene Pflanzen an unterschiedlichen Standorten gedeihen und wie man sie am besten zur Geltung bringt. Gertrude Jekyll äußerte sich hierzu einmal wie folgt:

> Laien meinen oft, die erfolgreiche Kultivierung winterharter Blumen sei ein Kinderspiel. Doch weit gefehlt. Ich habe ein halbes Leben gebraucht, um herauszufinden, was man am besten tun sollte, und einen erklecklichen Teil der anderen Hälfte, um dahinterzukommen, wie man es tut.

Begeisterung, Bemühen, Ausdauer und auch Talent zeichnen die Frauen in diesem Buch aus. Viele von ihnen stehen in den Siebzigern oder Achtzigern und fanden erst in ihrem späteren Lebensabschnitt zum Gärtnern.

Es gibt alle möglichen Quellen, aus denen man bei der Arbeit im und am Garten schöpfen kann. Das vorliegende Buch beleuchtet einige von ihnen: die Geschichte der Gartenbauschulen und den Gewinn, den sie für die Frauen bedeuteten, den Einfluß familiärer Vorbilder und Traditionen, das Bedürfnis, Blumen und ihre rasant schwindenden Lebensräume zu erhalten, die Gartengesellschaften und -vereine, die Botanikkünstler und Gartenjournalisten, die uns Dokumentationen und Inspirationen liefern. Eine recht bunte Mischung, so farbig wie die Welt, in der all das stattfindet. Der Gartenbau hat zahlreiche Facetten und fließende Übergänge, und das Buch spiegelt einen Teil davon wider.

KAPITEL 1

ZWISCHEN UNKRAUT UND MORAL

Lady Alicia Amherst, bescheiden, fleißig und sehr gewissenhaft, beschrieb sich selbst als „eine Londoner Bürgerin und Gärtnerin". Ihr Buch *A History of Gardening in England*, vor beinahe 100 Jahren erschienen, ist ein Klassiker. Sie war außergewöhnlich gut informiert. Um mehr über die Bestellung von Pflanzen und die Bezahlung von Gärtnern zu erfahren, stöberte sie verstaubte Handschriften und Haushaltsbücher auf. Sie gewann interessante Einblicke in die Geschichte des Gartenbaues. So gut schrieb sie, daß das Buch kaum veraltet ist. Sie widmete es ihrer Mutter.

> Ich möchte festhalten, daß ich all mein praktisches Wissen über den Garten als Kind von meiner Mutter erlernte, die sich schon lange Jahre, bevor es als Zeitvertreib für vornehme Damen in Mode kam, dem Gärtnern verschrieben hatte.

Schickliches Verhalten beim Gießen und Entfernen welker Blüten.
Eine Illustration aus *Mrs Mackarness' Young Lady's Book*, erschienen 1876.

Ein frühes Photo von Lady Alicia Amherst, eine kundige Historikerin, Reisende, Botanikerin, Philantrophin sowie eine „Londoner Bürgerin und Gärtnerin".

Abgesehen davon, daß sie bereits auf dem Schoß ihrer Mutter den Umgang mit dem Pflanzenheber lernte, profitierte Lady Alicia von mehreren anderen Faktoren. In der Bibliothek ihres Vaters standen wertvolle alte Gartenbücher. Schon als Kind schmökerte sie in Thomas Tussers *A hundreth good pointes of husbandrie* (1557), John Gerards *The Herball* (1597), William Lawsons *Countrie Houswifes Garden* (1617), Thomas Hylls *The Gardeners-Labyrinth* (1577) und John Parkinsons *Paradisi in Sole Paradisus Terrestris* (1629), dem Gartenbuch des 17. Jahrhunders schlechthin. Heute liegen all diese Titel in modernen Neuauflagen vor, doch als Lady Alicia sie las, waren sie Sammlerstücke.

Sie stammte nicht nur aus einer gartenbegeisterten Familie, sondern war auch eine aktive Pflanzensammlerin. So war sie in Mosambik, Rhodesien, Ceylon, Australien, Neuseeland und Kanada, wohin sie ihren Mann begleitete, selbst mit der Botanisiertrommel unterwegs. Sie hatte sich mit dem Philantropismus beschäftigt. In ihrem letzten Buch gab sie eine detaillierte Übersicht über die Parks und Freiflächen Londons.

Lady Alicia ist eine von vielen Frauen, die den Gartenbau beeinflußt haben. In ihrem Buch vertrat sie die Ansicht, daß die Gartengeschichte ein Spiegel der Zeiten sei: „Die Geschichte der Gärten Englands folgt Schritt für Schritt der Geschichte der Menschen." Sie zeigte auf, wie das Geschehen in der Welt das Ansehen und die jeweilige Stilrichtung des Gartenbaues beeinflußten. Der Kolonialismus, der industrielle Wandel, Krieg und Frieden, Steuern und Transportwesen wirkten sich darauf aus, wie man Gärten gestaltete und Pflanzen kultivierte, präsentierte und verwendete. Frauen haben seit jeher gegärtnert, aber ihre Mitwirkung war dabei immer wieder von anderer Art und nicht immer gleichermaßen erkennbar. In unserem Jahrhundert haben Frauen mehr als je zuvor den Gartenbaustil geprägt, doch reichen die Aufzeichnungen über ihr Engagement weit in die Vergangenheit.

Häufig wurden Gärtnerinnen unterbewertet. Nicht jeder aber empfindet dies so stark wie die amerikanische Gartenautorin Eleanor Perényi. In einem Artikel mit dem Titel „A Woman's Place" schrieb sie 1981 von „blumengefüllten Gettos" und behauptete, die Leistungen von Frauen seien in der Gartenliteratur, wie in anderen Bereichen, falsch und die Frauen selbst als niedlich-einfältig und ziemlich beschränkt dargestellt worden. Als überzeugendes Argument führt sie die überflüssigen Ratschläge an, die Gärtnerinnen im Laufe der Jahrhunderte erteilt wurden. Beispielsweise erklärte John Lawrence 1726 wichtigtuerisch:

> Ich hege die Hoffnung, daß die Damen bald auf den Gedanken kommen mögen, ihre untätigen Stunden seien mit der Kultur des *Blumengartens* unschuldiger und zur größeren Zufriedenheit zugebracht als mit dem gemeinen Gerede an einem Teetisch, an dem so oft Mißgunst und Ablenkung vorherrschen.

Im Mittelalter und anfangs der Tudor-Ära dienten die Gärten eher dem Anbau denn der Erholung, und die kundigen Gärtner gehörten meist einem Orden an. Die Klöster zogen Obst und Gemüse sowie Kräuter für medizinische Zwecke.

Einige frühe Berichte über Gärtnerinnen sind uns überliefert. In Romsey, Hampshire, kultivierte die Äbtissin Christina 1092 Rosen und blühende Kräuter, die William Rufus vorgab, sehen zu wollen, um sich so

In dieser Darstellung des Landlebens, die Jacob Grimmer im 16. Jahrhundert malte, arbeiten Frauen als Jäterinnen Seite an Seite mit Männern.

Zutritt zum Kloster zu verschaffen – er wollte eine Erbin entführen. Eleonore von Kastilien, die Gemahlin Eduards I., holte 1289 einen Trupp der besten Gärtner der Welt aus dem maurischen Spanien in ihren Garten in Hertfordshire. Die Mutter von Königin Philippa von Hennegau gab anläßlich der Geburt ihres Enkels Lionel 1338 als Geschenk für ihre Tochter eine Abhandlung über den Anbau von Rosmarin in Auftrag. Ansonsten beziehen sich die meisten Berichte auf die ‚Unkrautjäterinnen'. Alicia Amherst schrieb, daß Arbeiterinnen aushilfsweise zum Jäten und für andere leichte Aufgaben im Garten eingestellt wurden und nur die Hälfte oder gar ein Drittel dessen bekamen, was Männer verdienten.

Mit der Machtübernahme der Tudors kehrte mehr Wohlstand und Stabilität in England ein. Von nun an konnte man sich dem Gärtnern ernsthafter zuwenden. Zwei klassische Werke von Thomas Tusser beziehungsweise William Lawson gaben – für die, die lesen konnten – Ratschläge zur Rolle der Hausfrau auf dem Land. Laut Tussers Buch *A hundreth good pointes of husbandrie* war es ihre Aufgabe, den Haushalt zu versorgen, die Milchverarbeitung zu überwachen, Flachs und Hanf zu kämmen und zu spinnen, nach den Safranpflanzen zu sehen, Samen zu sammeln, zu säubern und zu lagern und vor allem Kräuter und Früchte zu pflücken und Branntwein daraus zu gewinnen. Das ganze Buch ist in Versen geschrieben. Hier ein vielzitierter Auszug, der übersetzt etwa so lauten könnte:

In den Garten, Weib, ein Beet mir zu richten
mit Erdbeeren, wie zwischen Dornen und Fichten
sie andernorts wachsen von der schönsten Art,
mit Bedacht gepflückt, schmecken sie delikat.

In einem anderen Buch mit dem Titel *The pointes of Huswiferie united to the comfort of husband* führt Tusser seine Ratschläge weiter aus. Ein Haushalt sollte sich in jeder Hinsicht selbst versorgen können, und die Frauen mußten lange und hart arbeiten. Ihr Tagwerk begann im Sommer um vier, im Winter um fünf Uhr und umfaßte zahlreiche Ernährungs-, Putz- und Aufräumpflichten. Bei Einbruch der Dunkelheit mußten sie dafür sorgen, daß nichts draußen liegenblieb:

Keine Kleidung im Garten, noch Gerät weit und breit,
alle Türen verriegelt zur Sicherheit.

Bei der Erledigung dieser Aufgaben hatte die Frau ihrem Mann gegenüber eine „unerschütterliche Fröhlichkeit" an den Tag zu legen; Müdigkeit oder Schwangerschaft waren keine Entschuldigung für Nachlässigkeit oder Ungehörigkeit. (Tussers eigene Frau war anscheinend stets krank und hatte nicht die Kraft, um seinen Vorgaben zu entsprechen).

1617, also sechzig Jahre später, ist Lawson in seinen Anweisungen maßvoller und gesteht der Hausfrau mehr Selbständigkeit sowie etwas mehr Hilfe von den Bediensteten zu. In *Countrie Housewifes Garden* gibt er

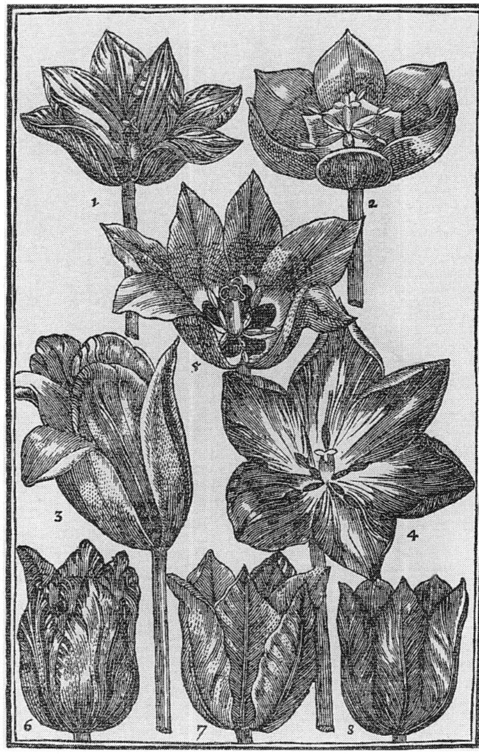

John Parkinson, der berühmte Gärtner des 17. Jahrhunderts, beschrieb Tulpen als „stattlich und entzückend" und legte jeder Frau von Stand nahe, sie zu kultivieren. Dieser Holzschnitt entstammt seinem Buch *Paradisi in Sole Paradisus Terrestris*, in dem er über 40 Tulpensorten anführte.

praktische Ratschläge zum Boden, zur Lage von Gärten, Umzäunung, Anlage von Kräuter- und Blumenbeeten und Bienenhaltung.

Zwölf Jahre nach Lawson veröffentlichte John Parkinson sein *Paradisi in Sole Paradisus Terrestris*. Es ist eines der schönsten, umfassendsten und maßgebendsten Gartenbücher aller Zeiten. Parkinson war Apotheker und hatte vielfältige Verbindungen zum Gartenbau. Aus aller Welt bekam er Pflanzen zugeschickt, um sie auszuprobieren. Sein Buch erkennt die Überlegenheit der Frauen im Blumengarten an; Blumen hatten sich ihrer Schönheit wegen inzwischen einen festen Platz im Garten erobert.

> Und da es viele Damen von Stande und andere geben möchte, die ihre Gärten allzugern mit manch schöner Blume zierten, aber nicht die Namen der Dinge, die sie begehren, kennen, noch darum wissen, wann ihre Blüte ist, wie man sie richtig ordnet, pflanzt und … umpflanzt, habe ich ihretwegen hier das Wesen, die Zeiten und die Art und Weise der Anordnung knapp dargelegt.

Er empfahl Narzissen, Lilien, insbesondere Kaiserkronen und Türkenbundlilien, weiterhin Schwertlilien (Iris), Garten- und Federnelken, Goldlack und vor allem Tulpen. In seinen Ausführungen schwingt etwas von der holländischen ‚Tulipomanie' mit, die zur Folge hatte, daß Tulpenzwiebeln für Hunderte von Pfund pro Stück den Besitzer wechselten. Parkinson zählt über vierzig Sorten auf und merkt sogar an, daß die Zwiebeln nahrhaft seien und gegessen werden könnten, was angesichts des Preises allerdings unklug sei.

Er gibt die Herkunft der genannten Pflanzen an und, sofern man sie neu eingeführt hatte, den Ort, an dem sie gesammelt wurden. Inzwischen kamen Pflanzen aus Amerika und der Karibik wie auch aus Osteuropa.

Vom Garten der ‚Frau Cantrey' in Northamptonshire liegt eine zeitgenössische Beschreibung vor. Es ist kaum anzunehmen, daß sie Parkinson las. Aber sie kultivierte Rittersporn und Bartnelken, beides jeweils einfach und gefüllt, drei Sorten von Tradeskantien, Lupinen in vier Farben, purpurne und weiße Skabiosen, Ringelblumen, Immortellen, Porzellanblümchen, Stockrosen und viele Blumen mehr. Ihre Sammlung von Kräutern und Arzneipflanzen umfaßte Fenchel (für schwache Augen), Kamille (gegen Kopfschmerz), weiße Lilien (für die Galle), Geißraute (gegen Pest) und gefülltes Mutterkraut (gegen Schüttelfrost).

Gartenbücher wie das von Parkinson hielten nützliche Ratschläge für die neu aufgekommene Mittelschicht parat, die diese aufgrund ihrer ausreichenden Bildung auch zu verwerten wußte. Unter den Adligen aber gab es einige Gartenbesitzer, mit außerordentlich großen Plänen. Die Ideale der italienischen Renaissance waren über Frankreich und Flandern nach Großbritannien gedrungen, wo der dortige führende Vertreter De Caus für Königin Anna von Dänemark, die Gemahlin Jakobs I., 1609 einen weitläufigen geometrischen Garten entwarf; und für Ann Clifford und ihren Gatten, den Herzog von Pembroke, schuf er einen reich verzierten Garten zu dem Thema „Liebe und Ehrerbietung für die Gräfin". Diese Anlage wies Parterres mit Springbrunnen und Statuen auf, einen wilden Bereich, über den Flora und Bacchus wachten, und geradlinige, von Kirschbäumen flankierte Wege. Henriette Maria, die Gemahlin von Karl I., ließ den St. James Park und die Gärten von Wimbledon von dem Franzosen

De Caus schuf diesen ausgefallenen, durch Strenge und Symmetrie charakterisierten Garten mit Parterres, von Bäumen flankierten Wegen, Statuen und einem Springbrunnen. Der Stil war typisch für die Zeit Jakobs I.

André Mollet gestalten; es entstanden weitläufige symmetrische Anlagen mit Parterres, Labyrinth und einem wilden Bereich.

Cromwells Puritanismus war eine Auflehnung gegen die Ausschweifungen des Adels, und ‚ausschweifend' war tatsächlich ein passendes Attribut für die Gärten führender Aristokraten. In der puritanischen Gesellschaft des mittleren 17. Jahrhunderts lagen die Schwerpunkte auf redlicher Arbeit, Ackerbau und der Erzeugung von Obst und Gemüse. Nach der Restaurationszeit aber wurde der Gartenbau wieder zu einer respektablen Kunst. Im ausgehenden 17. Jahrhundert hielt John Evelyn, ein namhafter Gartenexperte, seine scharfsinnigen Beobachtungen in seinen Tagebüchern fest.

Er mochte immergrüne Hecken und hatte selbst in seinem Garten in Deptford eine große Stechpalmenhecke. In seinen Briefen geht er auf mehrere bekannte Gärtnerinnen ein, etwa Lady Brook in Hackney (1654), Lady Clarendon in Swallowfield, Berkshire (1685), die „im Blumenbereich außerordentlich begabt" war, und Lady Fox, über die er sich kritisch äußerte.

John Evelyns Vorliebe für immergrüne Gewächse machte Schule. Ein Unternehmen aus Chelsea, London and Wise, wurde zum führenden Anbieter und verkaufte Formschnittgewächse an jeden, der im Trend liegen wollte. Die Formen konnten nicht aufwendig genug sein, und jeder Gartenbesitzer, der auf sich hielt, hatte zumindest einen Pfau. Bald nahm sich der Dichter Pope die Formschnittmode vor und schrieb seinen berühmten satirischen Vers über Adam und Eva, geschnitten aus Irischer Säuleneibe.

1732 veröffentlichte Philip Miller, Kurator des neu eröffneten Chelsea Physic Garden, seinen *Gardener's Dictionary*. Er stand im Mittelpunkt einer einflußreichen Gruppe von Gärtnern und Pflanzenzüchtern, die 1730 die ‚Society of Gardeners' ins Leben riefen. Sie trafen sich monatlich in einem Kaffeehaus, um über die Nomenklatur und Vermehrung von Pflanzen zu reden. Seit Parkinsons Zeit waren viele neue Pflanzen eingeführt worden, und die Society wollte sie und ihre Bezugsquellen erfassen. In ihrem Manifest zollen sie einer Reihe zeitgenössischer Gärtner ihre Anerkennung, darunter auch einer Frau:

> Ihre Gnaden, die Herzogin von Beaufort, trug ebenso eine beträchtliche Menge seltener Pflanzen in jenen berühmten Gärten von Badmington zusammen, wo sie sie mit großer Sorgfalt hegte und über viele Jahre hinweg in herrlicher Schönheit erhielt.

Das erste Gartenbuch einer Frau verdankt seine Entstehung indirekt diesem Kreis von Gärtnern. Elizabeth Blackwell war eine begabte Künstlerin, deren Mann im Schuldturm saß. Als sie hörte, daß die Gesellschaft an einem illustrierten Werk über Pflanzen interessiert sei, zog sie nach Chelsea und schuf dort 1737 *Das Kräuterbuch der Elisabeth Blackwell* mit „500 Abbildungen der nützlichsten Pflanzen, die in der Heilkunde Verwendung finden". Sie zeichnete die Pflanzen nicht nur, sondern fertigte von ihnen auch Kupferstiche an, die sie selbst kolorierte. Ihr Mann versah die Bilder vom Gefängnis aus mit Anmerkungen und verfaßte für jede Pflanze eine Beschreibung mit einer Auflistung ihrer Heilwirkungen. Das Buch verkaufte sich gut, und seine Schulden waren beglichen.

Trotz eines artigen Lobes von seiten der Gärtnergesellschaft war Elizabeth Blackwells Buch das letzte seines Genres. Kräuter- und Gartenbücher fanden keine Abnehmer mehr. Ursache dafür war die ‚Landbewegung', die den ‚englischen Garten' propagierte. Zum Teil als Reaktion auf die Formschnitt-Abstrusitäten von London and Wise hatte sich ein neuer Gartenstil durchgesetzt, der unter anderem weite Ausblicke auf eine ‚natürliche Landschaft' forderte. Diese Natürlichkeit war paradoxerweise ein künstliches Ideal, ein Versuch, mit den realen Vorgaben ein harmonisches Landschaftsbild zu schaffen. Paßten die realen Gegebenheiten nicht in die Landschaft, mußten sie eben weichen: Unansehnliches wie Bäume, die in einem ‚falschen' Abstand standen, Hecken und selbst Cottages wurde aus dem Weg geräumt, um die ‚Natürlichkeit' der Szenerie zu steigern. Blumen und Indizien kultureller Maßnahmen mußten versteckt werden.

Der führende Kopf dieser Bewegung war William Kent, der „über den Zaun sprang und sah, daß die Natur ein einziger Garten war". Seine Ideen wurden von einem leitenden Gärtner namens ‚Capability' Brown aufgegriffen. Er machte durch einen künstlich angelegten See von sich reden, mit dem er für den Herzog von Grafton die natürliche Landschaft in Northamptonshire zu verbessern gedachte. Aus heutiger Sicht hat Brown dem gärtnerischen Erbe Englands mehr als jeder andere geschadet. Angeblich hat er einen Auftrag in Irland abgelehnt, weil er „mit England noch nicht fertig" war. Eleanor Sinclair Rohde, eine Gartenhistorikerin, schrieb 1932 hierzu:

> Warum unsere blumenliebende Nation einen derartigen Vandalismus duldete, ist kaum nachzuvollziehen. Die ‚Landschaftsgärtner' waren von der Schaffung von Gärten oder dem Bemühen, sie zu verbessern, weit entfernt. Vielmehr ersetzten sie sie durch künstliche Wiesen und Rasenflächen, ‚natürliche' Seen und Bäche.

Die umfassenden Erdarbeiten, die zur Schaffung ‚natürlicher Landschaften' nötig waren, schlossen die Mitarbeit von Frauen aus. Während ‚Capability' Brown wütete, war von ihnen in der Gartenliteratur kaum mehr die Rede.

Allerdings provozieren Modetrends immer auch Gegenströmungen. So hatte Gilbert White aus Selborne, Hampshire, noch immer seine Jäterin. In einem Brief an seine Nichte schrieb er 1778:

> Ich werde jetzt meine Jäterin für den Sommer behalten. Dies ist die Person, die Thomas [der Gärtner und ein erklärter Frauenhasser], wie er sagt, ebenso schätzt wie einen Mann. Und in der Tat würde man, sieht man davon ab, daß sie Unterröcke trägt und ab und an ein Kind bekommt, meinen, sie sei ein Mann. Der Sorgfalt und Fähigkeit dieser Dame werde ich meinen Garten anvertrauen.

Neben der Landschaftsgärtnerei war das 1753 von Carl von Linné eingeführte System, das die präzisere Benennung und Klassifizierung der Pflanzen erlaubte, die bedeutendste Neuerung des 18. Jahrhunderts. Philip Miller soll bei einem Besuch des Chelsea Physic Garden mit dem jungen Naturforscher unsanft umgesprungen sein: „Dieser Botaniker kennt nicht eine Pflanze“, so seine Worte. (Später änderte Miller seine Meinung – und rettete damit seinen eigenen Ruf.)

Das Linnésche System basiert auf den Sexualfunktionen der Pflanzen. Alle Blütenpflanzen sind zunächst nach ihren männlichen Organen, den Staubblättern, gruppiert. Die nächste Untergliederung erfolgt aufgrund ihrer weiblichen Organe, des Griffels beziehungsweise der Narbe. Linné selbst hatte eine kokette Art, die Pflanzen zu personifizieren. So beschrieb er die Gruppe Diandra als „zwei Männer in derselben Ehe“ und Polyandria als „zwanzig Männer oder mehr im gleichen Bett mit einer Frau“. Erasmus Darwin, der Großvater von Charles, machte sich über die Metaphern gnadenlos lustig. Gelbwurz *(Curcuma)* etwa hat ein fertiles und vier sterile Staubblätter, die Linné „Eunuchen“ nannte. Darwins Reim dazu:

> Lange umworben, Curcuma, kalt und scheu,
> gewandten Blicks den Gatten trifft nun, lieb und treu,
> steinern die Schöne von vier Knaben getrieben,
> die sanft und zärtlich, aber platonisch, sie lieben.

Darwins skandalöse Zeilen blieben nicht ohne Wirkung auf die Gartenpublikationen. Zwar interessierte man sich für die Pflanzenformen, doch

Elizabeth Blackwells Darstellung einer Alraunwurzel aus ihrem Kräuterbuch. Sie malte das Bild im Chelsea Physic Garden.

hatten Gärtnerinnen Bedenken, in diesem Zusammenhang von Sexualität zu reden. In ihren *Fifty Plates of Greenhouse Plants* schrieb Henrietta Moriarty 1803 in der Einführung: „Dieses Werk ist für diejenigen gedacht, die sich an Pflanzen freuen, aber nicht wie ein Gärtner den Vorteil genießen, etwas davon zu verstehen.“ Weiter führt sie aus, daß die Naturgeschichte zwar wichtig sei, aber auch zu weit gehen könne. Ihr Buch sei:

> … völlig bar jener fein erdachten Spekulationen und Anspielungen, die, wie passend auch immer für den Physiologen, eine Gefahr für die Jugend und ignorant sind. Aus diesem Grunde habe ich vom System des unsterblichen Linnaeus sowenig Kenntnis wie möglich genommen …

Dieses Buch war nur eines einer neuen Gattung, die auf das aufkommende Internatswesen ausgerichtet war. Töchter aus vornehmem Hause wurden auf die Schulen geschickt, um Grundkenntnisse im Lesen und Schreiben zu erwerben; ergänzt war der Lehrplan durch Nadelarbeit, die Herstellung von Hefeteig, Tanzen, Zeichnen und Botanik. Letztere fördere, wie man meinte, die „leibliche Gesundheit und Heiterkeit des Gemüts, indem sie einen Beweggrund zur Ertüchtigung an der frischen Luft abgibt“. Die neuen Bücher befaßten sich mit dem Zeichnen von Pflanzen und enthielten dazu einige botanische Informationen, durchsetzt mit Benimmregeln und Moralpredigten. Was jeweils überwog, hing von der Autorin ab.

Rosa provencialis, eine der Illustrationen in Mary Lawrences Buch *A Collection of Roses from Nature*, erschienen 1799.

Das berühmteste aller Lehrbücher, *Botanik für Frauenzimmer*, stammt von Jean-Jacques Rousseau und wurde später von Pierre-Joseph Redouté illustriert. Es enthält eine Reihe von Briefen über Botanik, gerichtet an ein vierjähriges Mädchen (das entweder sehr frühreif war oder eine Mutter besaß, die bereits die Nachwelt im Auge hatte).

Im Verlauf der nächsten Jahrzehnte spaltete sich die Botanik wieder einmal vom Gartenbau ab, wobei die Moralpredigten aber nicht verstummten. 1827 veröffentlichte Maria E. Jackson ihr *Florist's Manual*. Es war für Frauen geschrieben, die sie „Floristenschwestern" und „Gärtnerschwestern" titulierte. Sie vertritt die Meinung, daß „ein Blumengarten nunmehr eine notwendige Ergänzung jedes modernen Wohnsitzes ist" und daß „der gemeine Garten" oder „der gemischte Blumengarten" so gelegen sein sollte, daß er „eine zusätzliche Zierde des Hauses" darstelle. Ihr Buch beschreibt, wie man den Garten mit farbenprächtigen Beeten fröhlich gestaltet und wie Zwiebelgewächse kultiviert und behandelt werden; darüber hinaus gibt es Tips, wie man Schneckenfraß vermeidet (durch Auslegen von Scheiben Weißer Rüben auf den Beeten). Sie gibt Ratschläge zur Planung:

> ... es ist wichtig, daß die einzelnen Teile in ihrem Eindruck letztlich ein GANZES ergeben, und dieser Eindruck wird leichter erzielt, wenn die Beete gerade sind.

Miss Jackson mag eine begeisterte Gärtnerin gewesen sein, aber sie neigte auch zum Phrasendreschen.

> Nachdem ich von frühester Kindheit bis ins fortgeschrittene Alter ein, wie ich beinahe sagen möchte, ererbtes Wohlgefallen an dieser herrlichen schöpferischen Ordnung gehabt und aus der Sache in all ihren Aspekten das fesselndste Vergnügen meiner Jugend gewonnen habe, ist es mir ein dringendes Anliegen, meinen Floristenschwestern als Teilhaberinnen an meinen Freuden zumindest insofern, als ich ihnen einige Fingerzeige unterbreite, das Ergebnis meiner Erfahrung mitzuteilen und sie damit vielleicht in die Lage zu versetzen, die Farben ihrer Blumen so methodisch zusammenzustellen und zu mischen, daß diese über weite Abschnitte der Frühjahrs- und Sommermonate eine Abfolge farbenprächtiger Beete zuwege bringen mögen, die ohne die Kenntnis der von der jeweiligen Saison hervorgebrachten Schattierungen nicht dazu veranlaßt werden können, auch nur den halben Liebreiz zu entfalten, den ein gut bestellter Blumengarten dem Auge zu bieten imstande ist.

Die eigentliche Kapazität des Gartenbaues im frühen 19. Jahrhundert ist John Loudon, der 1822 mit seiner *Encyclopädie des Gartenwesens* ein fundiertes Nachschlagewerk veröffentlichte, das im Verlauf des Jahrhunderts mehrfach neu aufgelegt wurde. Er war der Gründer und Herausgeber mehrerer Gartenzeitschriften und schrieb in Büchern und Artikeln unermüdlich über Techniken des Gärtnerns, die Gartenplanung, die Ausbildung von Gärtnern und darüber, wie notwendig öffentliche Parks und gepflegte Friedhöfe seien. Seinen unverwechselbaren Ton beschrieb der Gartenautor Ray Desmond als „calvinistischen Eifer, gepaart mit einer oberlehrerhaften Art“.

1831 heiratete er Jane Webb. Er hatte eine Rezension ihres Science-fiction-Romans *The Mummy* gelesen und ihr daraufhin geschrieben. Sie wurde seine treue Gefährtin und sein begeistertster Fan.

Einer von Loudons Rivalen, George Glenny, der cholerische Herausgeber der *Gardener's Gazette*, war der Meinung, Jane Loudon verschlimmere noch die ärgsten Fehler ihres Mannes. In einem Schmähartikel schrieb er:

> Wir versichern Mr. Loudon, daß seine alte Frau eine boshafte Tollhäuslerin ist ... Wir hassen alte Frauen in ihren besten Zeiten, aber eine lügnerische alte Frau ist widerwärtig, und je eher Loudon sich ihrer entledigt, desto besser.

Es überrascht nicht, daß Glenny schließlich gefeuert wurde, wenngleich nicht wegen dieses Kommentars. Jane Loudon schritt von Erfolg zu Erfolg. Mit *Instruction in Gardening for Ladies* verfaßte sie einen Bestseller, den die amerikanische Schriftstellerin Elizabeth Lawrence über einhundert Jahre später als den besten Ratgeber zur Kultivierung von Zwiebelgewächsen lobte, den sie jemals gelesen hätte. 1840 übernahm Jane die Leitung einer Zeitschrift für Frauen, *The Ladies' Magazine of Gardening*, doch muß diese Arbeit zusammen mit der Pflege ihres kränkelnden und zugleich arbeitswütigen Mannes so belastend gewesen sein, daß sie nach einem Jahr damit aufhörte.

Die Aufmachung des *Ladies' Magazine* entsprach der des *Gardener's Magazine* ihres Mannes. Es enthielt Besprechungen mit Stichen und Farbdrucken von Pflanzen, die bei Gartenschauen neu gezeigt worden waren, weiterhin einen Blumenkalender, der Monat für Monat gärtnerische Ratschläge, auch zu Zimmerpflanzen, gab, Artikel über Gartendekors und -geräte und eine Rubrik, die sich mit wildlebenden Tieren, hauptsächlich Vögeln, befaßte. Dazu besuchte sie viele Gärten und beschrieb, wie sie angelegt waren und gepflegt wurden. Und es gab einen ‚Briefkasten', in dem Fragen gestellt wurden wie diese:

> Ist an der alten Gartenweisheit, daß eine Schlüsselblume, kopfüber gepflanzt, ihre Farbe verändert, irgend etwas Wahres?

Jane antwortete taktvoll, es handele sich um „einen geläufigen Irrtum, der durch die Jahrhunderte überliefert, jedoch niemals überprüft worden" sei.

Auch nach dem Tod ihres Mannes 1843 schrieb Jane Loudon weiterhin Bücher. Von ihrem *Ladies' Companion to the Flower-Garden* wurden über 20000 Exemplare verkauft, und ihre Ratschläge, die von den Ideen ihres Mannes beeinflußt waren, wurden weithin befolgt. Sie war eine Befürworterin von Gärten, die so angelegt waren, daß sie die Kunstfertigkeit des Gärtners zur Geltung brachten.

> Es gibt zwei Arten von Blumengärten: die sogenannten ‚natürlichen', die ohne jede Regelmäßigkeit bepflanzt sind, und die ‚geometrischen', bei denen Beete eine bestimmte Figur bilden.

Für sie war der englische Gartenstil im wesentlichen eine Frage der Regelmäßigkeit und Ordnung. Von der Größe und Anlage von Blumenbeeten hatte sie eindeutige, klare Vorstellungen – sie bevorzugte in jedem Fall kreisrunde Beete. Bei einem anders angelegten Blumengarten gebe es nur einen oder zwei Blickwinkel, unter denen er vorteilhaft wirke.

Wie ihr Mann stützte sie sich auf Theorien der Farbanordnung und ging davon aus, daß Primärfarben neben Mischfarben zu plazieren seien. Jedes Rundbeet sollte ein eigenes Farbthema haben und sich entweder nur auf

eine Farbe oder auf eine Farbe und ihre Komplementärfarbe konzentrieren. Wichtig war auch die Höhe der Gewächse: „Nur das Mittelbeet darf höhere Pflanzen aufweisen."

Nicht jeder hatte, wie sie einräumte, den erforderlichen Platz für Rundbeete. In diesem Fall könnte der Garten Linné zu Ehren als „Miniaturdarstellung des natürlichen Systems der Botanik" angelegt werden, indem alle Hahnenfußgewächse, Erdrauch und Mohn und die Kreuzblütler zusammen gruppiert würden.

Jane empfahl auch Gartenobjekte, rustikale Sitzgelegenheiten, Lauben, Mooshäuser mit Stroh- oder Schindeldach und Kiesboden, künstliche Felsen, verzierte Töpfe – insgesamt das gärtnerische Pendant eines überladenen viktorianischen Wohnzimmers.

GANZ LINKS

Das Frontispiz aus Maria Jacksons Buch *The Florist's Manual.* Sie bezeichnete den Garten als „eine zusätzliche Zierde des Hauses" und wünschte sich farbenprächtige Beete mit sauberem Rand.

LINKS

Jane Loudon, frühe Science-fiction-Schriftstellerin, hingebungsvolle Ehefrau, Pflegerin und Sekretärin des viktorianischen Gartenautors John Loudon und selbst Verfasserin von Gartenbestsellern für Frauen.

Ihr letztes Buch trägt den Titel *The Ladies' Country Companion* und ist in Form von Briefen an eine gewisse Annie geschrieben, die auf dem Land lebte. Es gibt Ratschläge zur Einrichtung des Hauses wie auch des Gartens und dazu, wie sich ein sturer Ehemann taktvoll zu Änderungen bewegen ließe. Ein Brief geht auf die wohltätige Rolle ein, die wohlhabende Landfrauen übernehmen sollten. Es sei wichtig, so ist zu lesen, den Armen zu helfen, auf keinen Fall aber solle Annie Babysachen besticken.

Dieses Umschwenken von Gartenangelegenheiten zu anderen Fragen häuslicher oder religiöser Natur war recht häufig zu beobachten. Wie eine Kolumnistin 1848 in der Zeitschrift *The Cottage Gardener* anmerkte, mochten viktorianische Frauen ein berechtigtes Interesse am Garten haben, zugleich aber sollten sie als Hüterinnen der Moral fungieren.

> Es steht viel in der Macht der Frau. Ehefrauen und Mütter haben wichtige Pflichten zu erfüllen; sie sind Triebfeder der moralischen Welt, und selbst inmitten ihrer duftenden Blumen finden sie Gelegenheit zur Belehrung und Erteilung kluger Lektionen.

Eine der produktivsten viktorianischen Schriftstellerinnen war eine gewisse Anne Pratt, deren Leben das Jahrhundert umspannte. Als Zwanzigjährige verfaßte sie 1826 ihr erstes Gartenbuch, *Flowers and Their Associations*. Ihr bekanntestes Werk, *Flowering Plants, Grasses, Sedges and Ferns of Great Britain*, umfaßte vier Bände und wurde als Standardnachschlagewerk in Großbritannien und den USA immer wieder neu aufgelegt. Es enthielt Beschreibungen und Illustrationen der einzelnen Pflanzen, ergänzt durch Anmerkungen einschließlich ihres geschichtlichen Hintergrunds im Gartenbau. Es war praktisch, gut lesbar und verzichtete auf Moralpredigten. Daneben aber schrieb sie auch unerträgliche religiöse Abhandlungen. In einem Büchlein, das 1850 unter dem Titel *Nature's Wonders* erschien, erzählte sie die Geschichte eines kleinen Jungen namens Alexander.

> „Nun, liebe Mama", sagte der kleine Junge eines freundlichen Morgens, „scheint der lange Winter wahrhaftig vorüber zu sein. Schau nur, die Sonne scheint und der Boden ist beinahe trocken. Wollen wir nicht in den Wald gehen, um einige gestreifte Schneckenhäuser für meine Grotte zu suchen? Kannst du nicht die Zeit erübrigen, deine Arbeit

> einmal beiseite zu legen und bei diesem wunderschönen Wetter mit mir einen Spaziergang zu machen?" [Seine Mutter ist einverstanden.] „Gewiß werde ich nach der Bewegung um so emsiger arbeiten, und du wirst besser lernen, nachdem die frische Luft deinen Geist erquickt hat."

Kein Wunder, daß das *Journal of Botany* 1893 nur einen zweizeiligen Nachruf auf sie druckte: „Sie verfaßte eine große Zahl beliebter und hauptsächlich akkurater Bücher über Pflanzen, vor allem britische."

Das viktorianische Zeitalter war die große Ära des Gartenbaues. Ein neues Gartenmagazin folgte auf das andere. Es gab zahlreiche Innovationen, wie Brent Elliott in seinem gelehrten Buch *Victorian Gardens* berichtet: schmiedeeiserne Konstruktionen und Glasscheiben für Gewächshäuser, Leinölkitt, Portland-Zement für Steingärten, die Wardsche Kiste zum Versand ausländischer Pflanzen und – vielleicht am allerwichtigsten – den Rasenmäher. Die Abschaffung der Glassteuer 1845 machte die Kultivierung und Vermehrung von Pflanzen im Gewächshaus für viele erschwinglich, und die Eisenbahnen erleichterten den Transport der Gewächse.

Diese Neuerungen kamen dem Gartenbau insgesamt zugute, besonders den wissenschaftlichen Experimenten zur Widerstandsfähigkeit von Pflanzen, zur Wuchsbeschleunigung und Bodensterilisation, zu Düngemitteln, zum Schnitt, zur Erziehung am Spalier und zur Zucht. Aus den Kolonien und den Tropen wurden neue, farbenfrohe Pflanzen eingeführt, unter Glas eingewöhnt und als Einjährige ausgepflanzt.

Es war zugleich die Ära der professionellen Gärtner. Ab Joseph Paxton waren sie in der viktorianischen Gartenliteratur federführend, gaben die richtungweisenden Zeitschriften heraus und bestimmten die Gartentrends. In einem Fall verklagte ein Obergärtner seine Arbeitgeberin wegen Verleumdung – sie hatte ihn der Faulheit bezichtigt –, und er gewann.

Häufig gab es Probleme zwischen Gartenbesitzerinnen und Gärtnern. 1837 veröffentlichte Louisa Johnson ihr Buch *Every Lady her Own Flower Gardener*, zu dem sie bewogen wurde von

> ... vielen meiner Kameradinnen ... [denn] die Blumenzucht hat sich von einem Zeitvertreib zur vorherrschenden Leidenschaft der Damen

> in Großbritannien gewandelt: „Wir brauchen", sagten sie, „ein Werk kleinen Umfangs, das uns in die Lage versetzt, unser eigener Gärtner zu werden: Wir wünschen, alles *selbst* zu wissen."

Zunächst geht sie auf die Kleidung ein.

> Jede Dame sollte mit einer Gartenschürze ausgestattet sein, gefertigt aus starker Leinwand und mit weiten Taschen für ihr Gartenmesser, einen kleinen, kräftigen Hammer, ein Knäuel Schnur sowie einige Nägel und Stoffschnipsel. Von Scheren lasse man die Finger …

Nicht gut waren ihre gärtnerischen Ratschläge. So empfahl sie Rauhblattastern für den Januar und düngte Zwiebelgewächse mit Salz. Außerdem legte sie Wert auf strikte Ordnung im Garten.

Ihr Buch fand Anklang, verkaufte sich gut und erschien in sieben Auflagen. Dies ermutigte sie zu einem weiteren Werk. In *Every Lady's Guide to her Own Greenhouse* (1851) lief sie zu Hochform auf. Eine Dame muß

> … wenn sie überhaupt ihr eigenes Behagen im Blick hat, einen Mann bekommen, der nicht zuviel weiß … und nicht nach seinem eigenen Ermessen handelt: denn es ist unerquicklich, dem unsichtbaren Hohnlächeln eines Mannes ausgesetzt zu sein, der einem eindeutig unrecht gibt.

Gleichzeitig bietet dieses Buch mehr Fachwissen und kundige Ratschläge zu technischen Themen wie der Wartung von Boilern, Rohrleitungssystemen und Bewässerungsvorrichtungen, ergänzt durch Schaubilder. Der Mann ist der erklärte Feind.

> Fürwahr, ich kenne Damen, die düstere Blicke, ungehörige Bemerkungen, rüde Spöttelei und anderes grobes Benehmen in einer Weise dulden, wie ich sie nicht einmal von meinem Manne dulden würde.

‚Rosa', die Kolumnistin des *Cottage Gardener*, spricht Louisa aus der Seele, ist dabei allerdings sentimentaler.

> Ein Blumengarten ist eine wichtige Zuflucht für eine Dame. In unserer doch begrenzten Sphäre haben wir etliches zu ertragen und gibt es

Frontispiz zu *Every Lady's Guide to her Own Greenhouse* von Louisa Johnson. Die viktorianische Schriftstellerin traute den Frauen durchaus zu, Heizung und Rohrleitungen im Gewächshaus selbst zu warten.

> so manches, aus dem wir das Beste machen müssen, und jedesmal scheint unser Gemüt besänftigt durch den Anblick und Geruch unserer fröhlichen und duftenden Parterres.

Einige Monate später aber äußert sich Rosa ungehaltener:

> Mit einem guten Gärtner beginnt eine Dame frohgemut, nach ein, zwei Jahren indes ist alles vorüber. Sie wandelt umher zwischen den glühenden Beeten, ihr Interesse aber ist erloschen. Um an seinem Garten Freude zu haben, muß man es mit Königin Elisabeth halten, die sagte: „Ich will nur eine Herrin haben und keinen Herrn."

Alle Gartenzeitschriften bemühten sich, mit Frauenthemen auch eine weibliche Leserschaft zu gewinnen. Im *Gardener's Chronicle* etwa erschien ein Artikel eines gewissen Alex Forsyth über Damen, für die er als Gärtner tätig gewesen war. Hierzu gehörte die Herzogin von Northumberland, die mit ihrem Garten so innig vertraut war, daß, „wenn eine Schnecke nächtens eine Blume gefressen hatte, die Herzogin sie morgens an ihrem Platz vermißte und betrauerte". Mr. Forsyth schloß mit der Feststellung: „... wo Mann und Frau in ihren Vorstellungen bezüglich der Bewirtschaftung ihres Gartens voneinander abweichen, sollen sie sich trennen und ihren Weg einzeln gehen." Aus unerfindlichem Grund druckte der *Gardener's Chronicle* in den sechziger Jahren des 19. Jahrhunderts auch eine lange Berichterstattung über die Geflügelhaltung speziell für Frauen. Der 1870 gegründete, aber kurzlebige *Villa Gardener* hatte wohl noch Louisa Johnson im Sinn, als er in seiner Werbung schrieb:

> Da die allgemeine Leitung der Arbeiten im Blumengarten unzweifelhaft den Damen des Hauses obliegt ... wird es das besondere Bestreben der Herren sein, durch Vermittlung ihrer Erfahrungen bezüglich einer bestmöglichen Leitung „jede Dame zu ihrer eigenen Blumengärtnerin" zu machen.

Die erste Nummer des *Cottage Gardener* brachte im Jahre 1848 diesen außergewöhnlichen Nachruf:

> Die verstorbene Mrs. Davis Gilbert aus Eastbourne war stets und beständig den Cottage-Gärten herzlich zugetan ... sie bemühte sich [um häuslichen Komfort] durch verschiedene exzellente und erfolgreiche Maßnahmen wie die weitreichende Einführung tieferen Umgrabens oder Durchgabelns ... durch Einsammeln von Cottage-Abwässern zu Düngezwecken.

Doch selbst der *Cottage Gardener*, der sich später in *The Journal of Horticulture, Cottage Gardener und Country Gentleman* umbenannte, befaßte sich nicht mit Cottage-Gärten – höchstens machte er Vorschläge, wie die menschenfreundliche Mittelschicht, der auch Mrs. Davis Gilbert angehörte, die hygienischen Verhältnisse der Landarbeiter in ihren Cottages verbessern könne. In den historischen Aufzeichnungen ist meist von der Ober- und Mittelschicht die Rede, also eher von der Minderheit als von der Mehrheit. Armut und lange Schichten in den Fabriken ließen den Bewohnern der neuen viktorianischen Städte weder Zeit noch Geld zum Gärtnern, außer vielleicht gelegentlich in einem Schrebergarten.

Auf dem Land war die Armut nicht minder bedrückend, wobei sich auch Hinweise auf besser gestellte Farmer finden. In *Our Village* schreibt Mary Mitford 1832 über die Liebe von Hannah Bint von der Miles Cross Farm bei Reading zu ihrem Blumengarten.

> Sie war wahrlich eine Vollblutfloristin und liebte Seltsamkeiten, die Einfuhr und Kreuzung mit sich gebracht hatten, eher als die schlichte Schönheit natürlicher Blumen. Dies war der einzige Makel eines ansonsten vollkommenen Charakters.

Mary Mitford führte zwar ein bescheidenes Landleben, war aber keineswegs eine unbedeutende Gärtnerin. Sie zog Chrysanthemen und Dahlien. 1845 schrieb sie in einem Brief: „Einer meiner Sämlinge ist so schön, daß wir ihn für £20 verkauft haben, der höchste Preis, der dieses Jahr für eine Dahlie gezahlt wurde." Die Einnahme deckte ihre Heizkosten für ein Jahr. Weniger Glück hatte sie mit ihren Schaugeranien (sie hatte 300 Sorten): einmal wurden sie von der Katze niedergetrampelt, ein andermal gestohlen, und schließlich qualmte der Kamin im Treibhaus und vergiftete sie.

Sie belieferte die örtlichen Gärtnereien mit Pflanzen. 1854, kurz vor ihrem Tod, schrieb sie John Ruskin über Blumensträuße: „Der bei weitem prachtvollste Krug, den ich jemals zusammengestellt habe, war der mit gefüllten weißen Narzissen und erlesenem Hahnenfuß dazwischen, nicht locker überhängend, sondern dicht zusammengepackt."

Miss Mitford kümmerte sich nicht um Modetrends und bevorzugte „bescheidene Pflanzen" (sieht man von den Geranien und Dahlien einmal ab). Doch der Gartenbau machte insgesamt einen Wandel durch. Gegen Ende des Jahrhunderts gab es eine Abkehr von geometrischen Beeten, der Beetkultur überhaupt und der Verwendung farbenfroher Einjähriger sowie von den erfahrenen Obergärtnern. Der Protagonist der ‚neuen' Bewegung war William Robinson, ein ehemaliger Obergärtner und Herausgeber einer Gartenzeitschrift. In seinem Buch *The Wild Garden* (1870) propagierte er einen Gartenstil, der nicht wirklich ‚wild' war, sondern sich vorrangig auf Stauden und einheimische Pflanzen stützte. Sein eigener Garten, Gravetye Manor in West Sussex, war außerordentlich gepflegt. Dies beobachtete Vita Sackville-West, als sie ihn als junge Frau besuchte. Der 90jährige Robinson fuhr sie auf einem motorisierten Mäher mit solchem Tempo und in so halsbrecherischen Kurven umher, daß sie um ihr Leben bangte, wie sie später schrieb.

Die Zeit war reif für Robinsons Ideen. Eine seiner Anhängerinnen war Mrs. Earle, auch sie ganz der Tradition viktorianischer Schriftstellerinnen

Eine neue Aufnahme von Gravetye Manor, einst im Besitz von William Robinson, dem streitbaren, aber begabten Gärtner und Journalisten, der das Totengeläut für die viktorianischen Beete anstimmte. Er sprach sich für eine natürlichere Bepflanzung aus und bevorzugte Stauden.

Die liebenswürdige Mrs. Earle, Anhängerin von William Robinson und Freundin von Gertrude Jekyll, die sie als ehrgeizige und begeisterte Laiengärtnerin beschrieb. Sie hatte gute Beziehungen und schrieb bodenständige Bücher, in denen sie Garten- und Haushaltsthemen miteinander verknüpfte – und wurde damit zur Erfolgsautorin.

verpflichtet. Sie kombinierte Betrachtungen über das Gärtnern mit Kochrezepten (in denen braune Grundsauce vorherrschte) und Hinweisen zur Erziehung von Mädchen. Ihr erstes Buch, *Pot-Pourri from a Surrey Garden*, schrieb sie 1897 im Alter von 61 Jahren; es war ein Kassenschlager.

Mrs. Earle vermittelt Einblicke in den Gartenbau der spätviktorianischen Zeit. Was den Zierat im Garten betraf, stimmte sie mit Robinson nicht völlig überein – sie plädierte nach wie vor für die eine oder andere Statue oder Sonnenuhr –, genau wie er aber fand sie strenge Pflanzordnungen schrecklich. Ihre Aufmerksamkeit galt Pflanzen für das Haus, besonders für den Winter, und sie äußerte sich ausführlich über Maßnahmen zur Wuchsbeschleunigung, über Treibhauspflanzen und die Auswirkungen des Beschneidens von Sträuchern, um blühende Zweige als Zimmerschmuck zu gewinnen – fast alle Sträucher profitieren ihrer Meinung nach von einem rigorosen Rückschnitt. Ein weiteres ihrer Themen war das Düngen mit Stallmist, Kalk oder Mulch. Da sie frisches Gemüse schätzte, baute sie es in großem Stil an. „Wilde Gärten" erfordern in ihren Augen „endlose Sorgfalt", damit sie schön aussehen. Sie besuchte Gärten und bemerkte dabei, daß diese sich im Süden „durch die Wiedereinführung altmodischer Blumen und der überlieferten Kultivierungsmethoden" verändert hatten, während sich der Wandel im Norden viel langsamer vollzog.`

Für Gärten kleineren Ausmaßes empfahl Mrs. Earle, „Sträucher von grobem Wuchs" zu vermeiden:

> Ich würde nichts Gröberes zulassen als grünen und panaschierten Buchsbaum, den goldenen Liguster, den Lorbeerbaum (der ständig zurückgeschnitten werden kann), Stechäpfel, *Viburnum plicatum*, Irische Säuleneiben, als Strauch gezogene Zwergmispel, *Choisya ternata*, Berberitzen, *Buddleia globosa* …

Zeitgenössischen Berichten zufolge war Mrs. Earle eine nette, tolerante und gastfreundliche Frau, die ihrer Generation verhaftet war, aber trotzdem Verständnis für die Jugend hatte und in gewisser Weise radikale politische Ansichten vertrat:

> Einige wenige Blumen muten mich vulgär an, was teils auf Assoziationen und teils auf ihrer unangenehm grellen Farbe beruht. Sicherlich aber ist beim Gärtnern, wie auch sonst im Leben, eine möglichst aufgeschlosse Sicht die beste.

Seit Jahrhunderten sind Frauen die Zielgruppe für gärtnerische Ratschläge. Auch dann, wenn man ihre Intelligenz anzweifelte, erkannte man doch stets ihren Einfluß an. Allerdings waren sie weit mehr als nur Empfängerinnen von Ratschlägen. Sie züchteten und stellten Pflanzen aus, sammelten sie in fernen Kolonien, wohin sie ihre Ehemänner begleiteten oder mitunter auch allein reisten, zeichneten sie für die großen botanischen Sammlungen, und sie beteiligten sich als Botanikerinnen an lokalen Gutachten. Wie das folgende Kapitel zeigt, schufen sie einige bemerkenswerte Gärten. Doch erst gegen Ende des 19. Jahrhunderts befreiten sie sich von den Zwängen, die ihnen bis dahin den Erfolg verwehrt hatten.

KAPITEL 2

BESITZ UND BESESSENHEIT

Die Royal Horticultural Society wurde 1804 als Horticultural Society of London gegründet. Sie war, so wetterte John Loudon, nichts weiter als ein exklusiver Herrenklub. Neue Mitglieder konnten nur hineingewählt werden, Frauen waren ganz ausgeschlossen. Ihre Mitgliedschaft wurde erstmals in den zwanziger Jahren erwogen, als man meinte, sie könnten vielleicht besser Gelder auftreiben. Die Gesellschaft beauftragte 1827 ein Komitee aus 24 Schirmherrinnen, darunter 20 Adelsangehörige, mit der Organisation eines öffentlichen Benefizfrühstücks, an dem sich 2843 Personen von Rang und Namen beteiligten. Im Protokoll der Gesellschaft ist zu lesen:

> … allseits wurde eingeräumt, daß es eine solche Versammlung schöner, modischer und angesehener Frauen nie zuvor in einem Garten gegeben hat.

Finanziell war das Ereignis ein Erfolg, Kritikern zufolge aber hatte es eher mit einer Modenschau denn mit Gartenkunst zu tun. Ein weiteres Frühstück folgte 1828, diesmal jedoch nur für Mitglieder und ihre Ehefrauen. Die Diskussionen über Exklusivität und gartenbauliche Qualifikation hielten an, aber bis Juni 1830 war der Druck, Frauen zuzulassen, übermächtig geworden. Die Gräfin von Radnor (die die gleichen Privilegien wie ein Peer, ein

Eine Steinurne, eingerahmt von *Rosa* ‚Nathalie Nypels', in Tintinhull, Somerset.

hoher englischer Adliger, genoß und somit keiner Wahl bedurfte), Mrs. Holland, Mrs. Marryat, Mrs. Thornton und Mrs. Louisa Collier wurden als Mitglieder aufgenommen. Einen Monat später folgten die Gräfinnen von Guildford und von Morton sowie, kurz darauf, Mrs. Louisa Lawrence.

Zumindest zwei von ihnen, Mrs. Marryat und Mrs. Lawrence, hatten berühmte Gärten. Mrs. Lawrence besaß einen Garten in Draycott Park in Ealing, im Westen Londons. Dort stellte sie regelmäßig Verbenen, *Salvia patens* und Fuchsien aus. Aufzeichnungen zufolge hatte sie über 3000 Pflanzenarten und war spezialisiert auf Pelargonien und Orchideen. Man sagte ihr nach, sie habe in ihrer Leidenschaft für neue, seltene Orchideen mehrere tropische Wälder geplündert. Jane Loudon pries ihr Orchideenhaus

OBEN

Ein Stich von Mrs. Lawrences malerischem Villengarten.

RECHTS

Mrs. Marryats palastartige Gewächshäuser, in denen sie ihre ‚Exoten' zog.

ob seines „wundervollen Arrangements“ und auch ihre Sammlung von Heidekrautgewächsen. Bis 1838 gewann Mrs. Lawrence über 53 Auszeichnungen für ihre Pflanzen, darunter auch die begehrte Knightian Medal.

Mrs. Marryat aus Wimbledon im Süden Londons erhielt als erste Frau Pflanzen von der Verteilungsliste der Gesellschaft. Wie Mrs. Lawrence errang sie regelmäßig bei Ausstellungen der Society Preise, unter anderem für ihre gelben Azaleen und für ihre Erdbeeren. Sie war berühmt für die ‚Exoten‘, die sie in ihrer palastartigen Gewächshausanlage zog.

Diese Damen gehörten den höchsten Kreisen an. Bei den Nachmittagsgesellschaften von Mrs. Lawrence gaben sich neben der Queen und dem Prinzgemahl Angehörige aller europäischen Herrscherhäuser die Ehre.

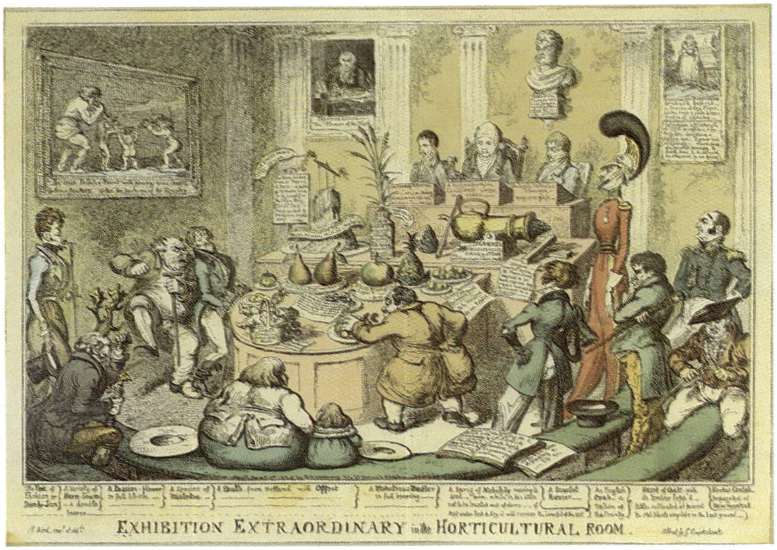

Die Karikatur von Cruikshank nimmt die Versammlungen der Horticultural Society aufs Korn.

All die Frauen, über deren Gärten vor dem 20. Jahrhundert ausführlicher geschrieben wurde, waren Repräsentantinnen der Oberschicht. Andere hatten weder die Muße und die Mittel für Gärten solcher Größenordnung, noch verfügten sie über das Selbstbewußtsein oder die gesellschaftliche Stellung, um die namhaften Autoren aus dem Gartenbereich einzuladen, damit sie vielleicht etwas über ihre Anlagen schrieben und sie damit der Nachwelt überlieferten. Sie bildeten zwar nur einen kleinen Kreis der Gesellschaft, doch ihre Zahl war beträchtlich. Die Herzogin von Beaufort wurde von vielen Zeitgenossen bewundert und 1732 von der Society of Gardeners wegen ihrer Sammlung exotischer Pflanzen in Badminton, Avon, erwähnt. Etwa fünfzig Jahre zuvor, 1685, rühmte Sir William Temple in seinem Buch *Upon the Garden of Epicurus* die Herzogin von Bedford für ihren Garten in Moor Park, Hertfordshire.

> Große Salons öffnen sich zur Mitte einer terrassenartigen, ebenen Kiesfläche hin, die meiner Erinnerung nach etwa 300 Schritt lang und dementsprechend breit sein mag. Der Rand ist in großen Abständen mit Lorbeerbäumchen bepflanzt, die die Schönheit von Orangenbäumen besitzen und nach der Blüte Früchte tragen. Von dieser Terrasse geht es in der Mitte und an beiden Enden über viele Steinstufen hinunter in ein weitläufiges Parterre.

Ein Porträt der jungen Herzogin von Portland, Förderin der Künste und Wissenschaften, Briefpartnerin von Rousseau und begeisterte Botanikerin und Gärtnerin.

Der Garten wies noch andere Kiesflächen, zwei Gartenhäuser und eine rebenumrankte Kolonnade auf sowie eine weitere, die mit Myrte „und anderem Grün" bewachsen war. Außerdem gab es eine Grotte „und mehrere Bereiche von einer Wildnis, die sehr schattig ist". Die Herzogin besaß mehrere Gärten. Moor Park aber war der bekannteste und diente laut Sir William „als Muster für die trefflichsten Gärten unseres Stils, und die für unser Land und Klima am besten passen".

Wegen ihrer gärtnerischen Aktivitäten am berühmtesten von allen war die Herzogin von Portland. Margaret Cavendish Bentinck wirkte über 50 Jahre in den Gärten von Bulstrode. Sie hatte Kontakt zu Literaten, Künstlern und Botanikern; zu ihren Freunden zählten David Garrick, James Boswell und Joshua Reynolds sowie Joseph Banks und Sir Hans Soane. Sie förderte Pflanzenexpeditionen ins Ausland und stand mit Jean-Jacques Rousseau in Briefwechsel, mit dem sie auch den Peak District auf der Suche nach Pflanzen durchstreifte. In Bulstrode hatte sie verschiedene Gartentypen angelegt: einen alten Stils, einen nach amerikanischer Art, einen Blumengarten, einen botanischen Garten, einen Küchengarten, eine Strauchrabatte und ein Parterre. Sie war wissenschaftlich veranlagt, wie ihre Sammlung von Heften mit genauen Beschreibungen von Pflanzen und Pilzen beweist.

Dazu besaß sie eine beachtliche Sammlung von Rosen, darunter die nach ihr benannte Portland-Rose, deren Herkunft allerdings unklar ist.

Um die Mitte des 19. Jahrhunderts, als Jane Loudon ihre Bücher schrieb, hatte sich ein wohlhabender Mittelstand herausgebildet. Ihm galten ihre Besuche. Einer der von ihr am meisten bewunderten Gärten war der von Lady Broughton. Dieser ‚Villengarten' in Hoole House, Chester, hatte auf einer Fläche von 55 x 31 Metern 27 kreisrunde Hochbeete, jeweils mit Drahtkörben versehen und mit farbenfrohen Einjährigen bepflanzt. Lady Broughton begeisterte sich auch für die Alpen. Sie hatte „den bemerkenswertesten und bestangelegten Steingarten von allen". Es gab dort ein maßstabgetreues Modell der Alpen mit weißem Granit für den Schnee und einer vielfältigen Gebirgsflora. Der Grad der Bekanntheit und Bewunderung für diesen Garten, der ein beliebtes Thema von Fachzeitschriften war, läßt sich an der Zahl der Stiche ablesen, die von ihm existieren.

Jane Loudon schrieb aber auch über weniger Erlauchte, etwa über Mrs. Wilkie aus Uddingstone in Lanarkshire, „eine Gärtnerin, deren herrlicher Blumengarten von dem hohen Maß an Sorgfalt und Aufmerksamkeit zeugte, das ihm zuteil wurde", oder von Lady Mary Stanley, deren „Blumenbeete auf dem Rasen alle kreisförmig waren". Sie muß auch Lady Middleton besucht oder gekannt haben, deren Garten in Shrubland Park bei Ipswich in Suffolk 1856 im *Gardener's Chronicle* besprochen wurde.

> Jede Rabatte ist mit drei durchgehenden farbigen Linien über die gesamte Länge ausgefüllt. Die erste beidseits des Weges ist blau, die zweite gelb und die dritte auf einer Seite scharlachrot und auf der anderen weiß. Folgende Pflanzen wurden auf der einen Seite verwendet: *Nemophila insignis* für das Blau, *Calceolaria rugosa* für das Gelb und der Frogmore-Storchschnabel für das Scharlachrot.

Lady Middleton und ihr leitender Gärtner Donald Beaton führten die viktorianische Gartenkunst zu höchster Blüte. Eine der einflußreichsten Gärtnerinnen der sechziger und siebziger Jahre war Frances Hope von Wardie House in Edinburgh. Sie war die ledige Tochter eines Bankiers, der durch Eisenbahnspekulationen ein Vermögen gemacht hatte. Im Mai 1880 druckte der *Gardener's Chronicle* anstelle des Leitartikels ihren Nachruf.

> Ihre Pflanzen waren für sie wie Haustiere, bei deren Hege sie jedoch ein Unterscheidungsvermögen und Feingefühl walten ließ, das fast schon an Genie grenzte. Ihrem Geschmack bei der Auswahl von Pflanzen kam nur noch ihr Können bei deren Pflege gleich ... Miss Hope war weitgehend ihr eigener Gärtner. Das ist selbstverständlich. Vielen Gärtnern bedeutet der Garten alles, die Pflanzen sind reines Beiwerk. Miss Hope sah das anders. Für sie war der Garten für die Pflanzen da, nicht umgekehrt.

Der Artikel lobt überschwenglich ihre Sammlung von Zwiebelgewächsen und Christrosen, ihre Entdeckung und Rettung von „vielen schönen, alten Pflanzen, die inzwischen verloren und vernachlässigt sind", und ihre große Bereitschaft, ihre Funde mit anderen Hobbygärtnern zu teilen:

> Zeitlebens galt ihr großes Interesse ihrem Garten. Sie war früh auf den Beinen und arbeitete bis spät in den Abend – so hart wie ihre Gärtner und in jeder Hinsicht viel besser als diese. Sie scheute keine Mühen, um ihre Sammlung zu erweitern, und hatte jeden bedeutenden Garten in England und Schottland besucht.

Nach ihrem Tod sammelte und redigierte ihre Nichte die Notizen und Beiträge, die sie für verschiedene Gartenzeitschriften verfaßt hatte, und veröffentlichte sie unter dem Titel *Notes and Thoughts on Gardens and Woodlands.* Miss Hope pries die Vorzüge sorgfältiger Beobachtung:

> Vor allem rate ich, Pflanzen in jedem Alter zu betrachten, ihr Wachstum zu verfolgen, sie in allen Einzelheiten zu beschreiben; kurz gesagt: mit ihnen inniger als mit Büchern zu leben ... über eine Pflanze kann man niemals genug wissen.

Sie glaubte fest an die eigene Weiterbildung, und überall in ihren Schriften stößt man auf diesbezügliche Randbemerkungen: „Das eigene Unwissen ist ohne Frage der Hauptimpuls für das Streben nach Erfolg", oder „Ich verstehe nicht, warum wir den Wuchs und Fortschritt unserer Pflanzen fördern und selbst geistig schrumpfen und verkümmern sollten." Und sie hatte fortschrittliche Ansichten über die Beetgestaltung:

LINKS

Miniaturgebirgslandschaft in Hoole House, Cheshire, wo Lady Broughton lebte. Sie hegte eine Leidenschaft für Steingärten und schuf ein Modell der Alpen, wobei sie weiße Granitsplitter für den Schnee verwendete. Ihr Garten, der auch 27 kreisrunde, mit Blumen bepflanzte Hochbeete umfaßte,war einer der meistgepriesenen der viktorianischen Zeit.

UNTEN

Shrubland, der Garten von Lady Middleton. Ihre blau, gelb und scharlachrot bepflanzten Beete waren weithin bekannt und bewundert. Allerdings gab es zwischen ihr und ihrem nicht minder berühmten leitenden Gärtner Donald Beaton Streit darüber, wem der eigentliche Ruhm für diese Arbeit gebührte.

> Bedenkt man, daß ein Wintergarten sieben Monate halten muß und die Sommerbepflanzung andererseits für höchstens vier Monate vorgesehen ist, gibt es keine Frage, was das wichtigere von beiden ist … seit 14 Jahren ist unser „moderner Blumengarten" nicht kahl … noch wurde er auch nur einmal kärglich und notdürftig mit abgeschnittenen Zweigen gefüllt, die man einfach in den Boden steckte.

In ihrem relativ ungeschützten Garten in Meeresnähe hatte sie auf dem nährstoffarmen, lockeren Boden 35 Beete angelegt, unter anderem eine schmale Rabatte von gut 26 Metern Länge, die vor allem mit Fetthenne, Hauswurz und Rosmarinarten bepflanzt war, sowie kreisrunde Beete mit einem Durchmesser von gut eineinhalb bis zu vier Metern. In den sechziger Jahren des 19. Jahrhunderts wies jedes dieser Rundbeete in der Mitte immergrüne Gewächse, dann einen farbigen Ring und schließlich eine panaschierte Umrandung mit frühen Zwiebelgewächsen auf. Die Farbe lieferten vor allem *Brassica*-Gewächse und Meerkohl:

> Mit ihnen erhält man jede Nuance vom dunkelsten Purpur … bis zu lebhaftem Tiefrot, Mauve und Rosé … auch reines Gelb und Weiß.

Eine Blumenampel von Miss Frances Hope, einer hochangesehenen Gärtnerin der spätviktorianischen Ära. Sie liebte braun lackiertes Korbgeflecht und Hauswurz.

Die Verwendung von Kohlpflanzen war auch wirtschaftlich. Miss Hope setzte keine empfindlichen Sträucher mehr ein, die sich nur mit Mühe vor dem Winter ausgraben ließen: „Es war das erste und letzte Experiment größeren Umfangs." 1875 hatte sie ihre Ansichten etwas geändert:

> Beet Nr. 2 hat *Campanula carpatica* (blau) mit breiter Einfassung aus gelber *Oenothera missouriensis.* Nr. 13 hat *Yucca gloriosa* mit dunkelblauer *Ajuga purpurescens* als Bodendecker und Einsprengseln von *Sedum spectabile.*

Miss Hope war die berühmteste und einflußreichste Gärtnerin der sechziger und siebziger Jahre des 19. Jahrhunderts. Einen großen Namen erwarb sich etwas später auch Evelyn Vere Boyle, die ebenfalls Beiträge für Gartenzeitschriften und mehrere Bücher verfaßte. Ihr Garten in Huntercombe, Buckinghamshire, war sehr bekannt und vielbesucht. Er zeigte den Stilwandel von der viktorianischen Beetgestaltung zu den unterteilten Gärten mit Staudenbepflanzung.

> Jetzt gibt es hier stark zurückgeschnittene Eibenhecken, einige der ältesten 2,60 Meter hoch und beinahe 90 Zentimeter dick ... die Rabatten sind mit entzückenden altmodischen Pflanzen gefüllt.

Noch immer dienen Einjährige in manchen Bereichen des Gartens als Farbtupfer, und die Selbstaussaat ist erlaubt.

> Der Hof am Eingang ist von *Nicotiana*, Scharlach-Pelargonien, Zinnien, gefüllten weißen Petunien und blauen Lobelien belebt. Auf den entfernten Strauchrabatten leuchten überall Montbretien [*tritonia*] auf. Allerorten gibt es Japan-Anemonen und *Oenothera.* Die Wickenhecke beim Tennisplatz steht wieder in Blüte. Die Tagetes sind sich selbst überlassen. Sie welken und kommen erneut ... Die Goldrute ist verschwenderisch und nützlich, und ich mag sie, weil sie alte Erinnerungen weckt.

1897 wurde die Victoria Medal of Honour, die höchste Auszeichnung der Royal Horticultural Society, eingeführt und zum erstenmal zwei Frauen, Gertrude Jekyll und Ellen Willmott, gleichzeitig verliehen. Die Geschichte

RECHTS
Ellen Willmott, reich, ehrgeizig und arrogant, schuf in Warley Place, Essex, einen legendären Garten. Sie war eine international anerkannte Pflanzenexpertin und Inhaberin der Victoria Medal of Honour der Royal Horticultural Society. Am Ende ihres Lebens aber reichte ihr Geld nicht einmal mehr zur Bezahlung der Abgaben.

UNTEN
Das jährliche Photo der Gärtnerschaft in Warley Place, aufgenommen von Miss Willmott. Die Uniform der Gärtner bestand aus kreisrunden Strohhüten mit grünem Band, marineblauen Kitteln und grünseidenen Strickkrawatten. In ihren besten Zeiten beschäftigte Ellen Willmott 104 Gärtner.

von Gertrude Jekyll gehört in ein anderes Kapitel. Ellen Willmott dagegen ist ein Paradebeispiel für das Thema „Besitz und Besessenheit". Ihr Garten in Warley Place, Essex, der berühmteste und schönste ihrer Zeit, verschlang ihr gesamtes Vermögen. Als sie starb, war sie mittellos und der Garten völlig heruntergekommen.

Die Bedeutung Ellen Willmotts läßt sich heute schwer ermessen, eine Zeitlang aber war sie die meistbeachtete britische Gärtnerin und genoß internationales Ansehen. Gertrude Jekyll bezeichnete sie als „die größte unter allen lebenden Gärtnern". Bei der Medaillenverleihung war sie erst 38 Jahre alt. Ihr Ruf gründete sich zunächst auf ihre Narzissenkulturen und -kreuzungen. Sie war Mitglied des R.H.S. Narcissus Committee, dem unter anderem der Pflanzenzüchter Amos Perry und der bekannte französische Gartenkünstler Henry de Vilmorin angehörten. Ihre Begeisterung, Kenntnis und Intelligenz hinterließen bei ihnen einen großen Eindruck.

Sie hatte Briefpartner und Besucher aus aller Welt. Beim Züchten schwieriger Pflanzen galt sie als unübertroffen. Mehrere neuseeländische Pflanzen und Sträucher kultivierte sie bereits, als sie noch längst nicht allgemein bekannt waren. Sie unterstützte Expeditionen, die der Pflanzensuche galten, und zog als erste Sämlinge von den Mitbringseln Ernest Wilsons aus China. Unermüdlich war sie damit beschäftigt, die richtigen Bedingungen für Samen herauszufinden, ihre Entwicklung fachkundig zu verfolgen und bei Bedarf rasche Rettungsmaßnahmen zu ergreifen. Berühmt waren ihre Primel-Hybriden und Rosen. In ihrer Glanzzeit gab es in Warley Place über 100 000 Pflanzenarten, darunter viele selbstgezogene Varietäten.

Die Pflege ihres 22 Hektar großen Gartens besorgten 104 Gärtner. In ihren beiden anderen Gärten in Frankreich und Italien führte sie ein ebenso strenges Regiment wie in Warley Place. Um die ständige Verbindung mit ihren leitenden Gärtnern aufrechtzuerhalten, ließ sie Postkarten mit ihren verschiedenen Anschriften drucken.

Ihre Passion war ein Familienerbe – sowohl ihre Mutter als auch ihre Schwester Rose waren begeisterte Gärtnerinnen. Zu ihrem 21. Geburtstag bekam sie von ihrer Mutter einen Alpengarten zum Geschenk, und damit fing alles an. Mit scharfem Blick für die richtige Form und neue Spielarten machte sie sich ausführliche Notizen über all ihre Pflanzen. Sie war eine gute Photographin, die ihre Filme selbst entwickelte, und hielt Garten und Gärtner im Bild fest. Für die Samenlisten hatte sie eine eigene Druckerpresse. (Sie besaß auch ein Mikroskop, ein Teleskop, teure Gerätschaften zum Drechseln, Werkzeuge für die Metallbearbeitung sowie eine äußerst wertvolle Sammlung von Musikinstrumenten.)

Ihre Sachkenntnis und Investitionsbereitschaft waren bemerkenswert. George Wilson aus Wisley gestand ihr einmal: „Ihr Garten kommt mir als die gelungenste Kombination von Gebirgsblumen, blühenden Stauden und Schnittblumen vor, die ich jemals sah."

Lilium x *testaceum*, eine Hybride von *Lilium candidum* und *Lilium chalcedonicum*, auch als Nankeen-Lilie bekannt, blühte zur Glanzzeit von Warley Place dort in großer Zahl.

Für ihren Garten war ihr nichts zuviel. Ansonsten war Ellen Willmott jedoch arrogant und herrisch, was sich im Alter noch verstärkte. Ihre Biographin, Audrey le Lievre, schreibt:

> Irgendwann muß sie, fast ohne es zu merken, an einen Punkt gekommen sein, ab dem sie nicht länger zu verhehlen suchte, daß sie mehr wußte, eine schnellere Auffassungsgabe besaß und intelligenter war als die meisten Männer in ihrem Umfeld.

Ellen Willmott soll angesichts einer pinkfarbenen Rose zu einem Freund geäußert haben: „Das ist Amor. Ich lernte ihn nicht kennen." Und später einmal: „Mit zunehmendem Alter fällt es uns schwerer, unsere Fehler zu verbergen." Ihre Streitsucht (sie prallte mehrfach mit Gärtnerkollegen zusammen) war eine ihrer Schwächen. Eine weitere war ihre grenzenlose Bereitschaft, Zeit und Geld in ihre drei Gärten zu investieren.

> Wie Du weißt [schrieb sie einer Freundin], sind mir meine Gärten das Wichtigste überhaupt, und meine gesamte Zeit widme ich der Arbeit in dem einen oder anderen von ihnen, und wenn das Licht nicht mehr ausreicht, um die Pflanzen zu sehen, lese oder schreibe ich über sie.

Ein anderer Fehler war ihr Geiz. Sie gab ihren Gärtnern nur widerwillig Referenzen und hortete einige ihrer Züchtungen. Sir William Thistleton-Dyer, Leiter der Royal Botanic Gardens, Kew, war ihren Geschenken gegenüber mißtrauisch und schrieb in ihrem Nachruf:

> In Gärtnerkreisen galt sie nicht als großzügig, und man schaute sich Pflanzengeschenke sorgfältig an, aus Angst, es könnte sich um eine gefürchtete wuchernde Art handeln.

Trotz ihres riesigen Vermögens mußte sie sich ab 1907 Geld leihen, um den Unterhalt für ihre Gärten bezahlen zu können. 1913 war ihre Lage so verzweifelt, daß sie etwas von ihrer Habe veräußern und einen Teil ihrer Besitzungen verpachten mußte. Finanzielle Beratung lehnte sie jedoch ab, und ihre Schulden wuchsen. Langsam verkam der Garten, und die Gewächshäuser mußten geschlossen werden. Ihre Arbeit in den Komitees der R.H.S. setzte sie fort: Mit 75 Jahren gehörte sie dem Floral Committee

Der Garten von Blickling Hall in Norfolk, der in den dreißiger Jahren von Norah Lindsay neu gestaltet wurde. Sie entfernte die kleinen, verspielten Beete und ließ vier große in den Ecken bestehen, die sie mit Stauden unterschiedlicher Höhe füllte. Jedes Beet ist mit Katzenminze, gemischt mit Rosen, eingefaßt.

und dem Lily Committee an. Ihre Freunde und Verwandten konnten das Schlimmste verhindern, bei ihrem Tod 1934 aber war sie bettelarm. Warley Place wurde an einen Gastwirt verkauft, der Garten geplündert und dem Verfall überlassen. Der *Gardener's Chronicle* schrieb in seinem Nachruf:

> Halbheiten lagen Miss Willmott nicht. Mit ihrer scharfsinnigen Sicht der Dinge offenbarte sie eine neue Auslegung des göttlichen Gebots ‚Liebe deine Feinde', denn zweifellos hatte sie viel Freude an ihnen.

In der ersten Hälfte des 20. Jahrhunderts verdienen drei Gärtnerinnen besondere Erwähnung: Norah Lindsay, Vita Sackville-West und Phyllis Reiss. Norah Lindsay ist eine flüchtige Erscheinung, und ihr Garten von Sutton Courtenay, nahe der Themse in Berkshire, blieb im Gegensatz zu denen der beiden anderen nicht erhalten. Sie war eine romantische Dame mit einem romantischen Garten. Photos zeigen sie als vornehme, elegante Frau mit Wespentaille und einer Vorliebe für große Hüte mit Blumen. Von ihrem Garten sind nur körnige Schwarzweißphotos erhalten, die jedoch die Originalität und Extravaganz der Bepflanzung erkennen lassen.

Sie schrieb stets unter dem Namen Mrs. Harry Lindsay. 1931 schilderte sie, nicht unbedingt bescheiden, in *Country Life* ihren eigenen Garten:

> Manche Gärten haben, wie gewisse Menschen, einen Charme, der unfaßbar ist wie Tau oder Dampf und dem man dennoch sklavisch verfällt. Die Gärten des Herrenhauses von Sutton Courtenay besitzen diese glänzende Eigenschaft.

Ihr angestrebtes Ziel war der Eindruck „unbekümmerter Üppigkeit". Sie mochte es, wenn sich gewöhnliche Pflanzen, die sich selbst aussäen, wie Baldrian oder *Salvia turkestanica*, innerhalb der strengen Strukturen beschnittener Eiben zwischen den übrigen Gewächsen ausbreiteten.

> Wo die Blumen selbst die Planung des Gartens übernommen haben, ziehe ich mich höflich zurück, denn sie sind die Intelligenzen, die das Geschehen lenken, und greifen dort an, wo wir stümpern. Wie oft habe ich einen Keimling der Königskerze oder Ochsenzunge gesehen, der sich an der trockensten und unmöglichsten Stelle auf irgendeiner Mauer oder im gesprungenen Beton eines Wassertanks

Norah Lindsay in typischer Pose der edwardianischen Zeit in Sutton Courtenay. Ihr dortiger Garten, von dem leider nichts erhalten ist, war originell und extravagant.

angesiedelt hat. Dort schwenkt er siegreich eine Rebellenfahne, und seine verwöhnten Verwandten im guten Boden gleich nebenan sind nicht halb so erfolgreich oder pittoresk.

Die Gartenautorin Jane Brown behauptete, Norah Lindsay habe sehr eng mit Lawrence Johnston in Hidcote, Gloucestershire, zusammengearbeitet und die Anlage gemeinsam mit ihm erschaffen. (Hidcote war der erste Garten, den der National Trust übernahm; er ist heute weltberühmt.) Graham Stuart Thomas, anerkannter Pflanzenexperte und ehemaliger Gartenberater des National Trust, bestreitet dies und sieht in Mrs. Muir vom benachbarten Kiftsgate Court die maßgeblichere Figur im Kreis der Gärtner von Gloucestershire um Johnston. Überzeugend sind indes die Beweise für die gestalterische Mitwirkung Norah Lindsays in Blickling Hall, Norfolk, ebenfalls im Besitz des National Trust. Ihre flüchtigen Notizen hierzu und der Garten selbst mit seinen vier großen Eckbeeten (je eines in Pink und Blau beziehungsweise Mauve und Weiß sowie zwei in Orange und Gelb) sind bis heute erhalten.

Der Einfluß Norah Lindsays läßt sich schon deshalb schwer einschätzen, weil sie selbst rege am gesellschaftlichen Leben teilnahm. Es war niemals ganz klar, ob sie Cliveden, Blicking Hall oder andere große und vornehme Häuser privat besuchte und nebenbei freundschaftlichen Rat erteilte oder ob sie in ihrer Eigenschaft als professionelle Gartendesignerin erschien. Gelegentlich kam sie als Gast, um anschließend ihre Gastgeber mit gesalzenen Rechnungen für ihre Dienste zu überraschen.

Nach ihrem Tod wurde Sutton Courtenay verkauft. Die Landschaftsarchitektin Brenda Colvin wurde mit der Neugestaltung des Gartens beauftragt. Offenbar hielt sie ihn für gekünstelt und unausstehlich, denn sie riß auf dem herrlichen langgestreckten Areal vor dem Haus alles aus, um Rasenflächen mit einer Kiesauffahrt anzulegen.

Norahs Tochter, Nancy Lindsay, ist ebenfalls ein umstrittener Charakter. Manche halten sie für einen großartigen Menschen und eine begabte Gärtnerin, andere für eine Nervensäge. Sie erbte den gärtnerischen Ehrgeiz ihrer Mutter und sammelte Rosen. Dabei hatte sie die Unart, ihr unbekannte, alte Exemplare mit Phantasienamen zu belegen, was bei späteren Fachautoren große Verwirrung stiftete.

Einer ihrer Nachbarn, ein Freund und Bewunderer, erzählt von einem Restaurantbesuch mit ihr, bei dem sie sich aus einem unerfindlichen Grund mit ihrer lauten, fröhlichen Stimme über das Geschlechtsleben von Affen ausließ. Nach und nach legten alle Anwesenden ihre Bestecke aus der Hand und hörten verwundert zu. Nancy nahm von ihrer Reaktion keine Notiz und fuhr munter fort. Sie gab sich exzentrisch, konnte sehr amüsant und großzügig sein und war äußerst gebildet; mit ihrer Art schaffte sie es aber auch, Besucher vor den Kopf zu stoßen. Sie lebte in einem kleinen Cottage nahe dem Haus ihrer Mutter und litt meist an Geldknappheit. Lawrence Johnston hinterließ ihr sein Vermögen und viele seiner Pflanzen, doch das Geschenk kam zu spät, denn sie starb bald nach ihm.

Vita Sackville-West ist die bekannteste Gärtnerin dieses Jahrhunderts. Der amerikanischen Schriftstellerin Eleanor Perényi zufolge lag das aber ebenso an ihrer Lebensart und ihren Verbindungen zum Adel wie an ihrem fachlichen Können. Sie wollte eine Großgrundbesitzerin sein und schrieb – überraschenderweise im sozialistischen *New Statesman* –, sie habe, teils als Investition und teils, um bei ihrem täglichen Spaziergang den eigenen Grund und Boden nicht verlassen zu müssen, über tausend Hektar hinzugekauft. Laut eigener Aussage liebte sie Felder und Obstgärten so sehr, „daß ich sie mir von niemandem mehr nehmen lassen möchte".

Sie wollte als Dichterin in die Geschichte eingehen und gewann auch tatsächlich den Hawthornden Prize. Allerdings reichten ihre Werke an die anderer Poeten des 20. Jahrhunderts wie W. H. Auden und T. S. Eliot nicht

RECHTS
Vita Sackville-West (rechts) in Begleitung ihrer leitenden Gärtnerinnen, Sybil Kreutzberger und Pamela Schwerdt, beide in Waterperry ausgebildet.

RECHTS
Sissinghurst, gestaltet von Vita Sackville-West und ihrem Ehemann Harold Nicolson, ist zu Recht berühmt. Durch das Tor zum Rose Garden sieht man die Rabatte mit Iris ‚London Pride'.

Der White Garden, der vielleicht bekannteste aller ‚Gartenräume' in Sissinghurst, auf einem Photo von 1943. Alle Pflanzen sind weiß oder grau, im Mittelpunkt steht eine chinesische Vase aus glasiertem Ton. Töpfe, Urnen und Ziergegenstände aus Steingut sind ein charakteristisches Merkmal des Gartens.

heran. Wie George Barker, ein Dichterkollege, es einmal ausdrückte, konnte sie nicht weiter über eine Gesellschaft schreiben, die „von Strandjungen erfunden und von Mädchen ohne Hüftgürtel gestützt wurde". Später schrieb sie hauptsächlich über Gartenthemen und suchte in ihrem Garten die Einsamkeit. Nur im Juli und August mied sie Sissinghurst und reiste ins Ausland oder besuchte Freunde.

Sissinghurst wurde vielfach beschrieben. Es besteht aus einer Reihe kleiner, jeweils themenbezogen gestalteter ‚Räume', von denen der berühmteste der White Garden ist. Diese Unterteilung in kleine Szenerien ist ein inzwischen sehr beliebter Stil, den man in Hidcote, Gloucestershire, und Tintinhull in Somerset ebenso sieht wie in zahlreichen kleineren Gärten. Vita Sackville-West beschrieb ihren Garten als „ein lärmendes Durcheinander von Farben, ein Rausch von Düften". Sie wurde eine Expertin für Rosen, und so beherbergt der Garten viele alte Essigrosen und einige außergewöhnliche Kletterer.

Durch die Flut von Besuchern wurde das Gras so stark beansprucht, daß man die ursprünglichen Wege hier und da durch verzierte Steinpfade ersetzen mußte. Auch die Bepflanzung hat sich geändert. Seit den fünfziger

Jahren unseres Jahrhunderts haben traditionsgemäß Frauen den Posten des leitenden Gärtners in Sissinghurst inne. Damals unterstand die Anlage der kompetenten Leitung von Sybil Kreutzberger und Pamela Schwerdt, Absolventinnen der Waterperry Gardening School for Women. Derzeit setzt Sarah Cook die Tradition fort.

Tintinhull, ein Herrenhaus mit Anlagen aus dem 17. Jahrhundert, wurde 1933 von Phyllis Reiss erworben. Heutige Gartendesigner und Pflanzenfachleute wie Lanning Roper und Graham Thomas oder auch die Landschaftsarchitektin (und Freundin der Familie) Sylvia Crowe messen ihm größere Bedeutung bei als Sissinghurst.

> Sein besonderer Erfolg liegt in den Kontrasten und Proportionen seiner Flächen, in der Nutzung vorhandener Bäume, um die Anlage in eine ganzheitliche Form einzubinden, und in den vortrefflich inszenierten Aussichten ... seine Bepflanzung ist vermutlich einzigartig, denn sie besteht aus sehr verschiedenartigen Spezies, die natürlich wachsen und dennoch entscheidende Gestaltungselemente abgeben. Hier gibt es keine Pflanze, die, so reizvoll sie für sich auch sei, nicht zum Bild beitrüge ... Trotz aller Beschränkung ist es alles andere als streng.

Dies die Worte Sylvia Crowes, einer höchst einflußreichen Autorität. Beispielsweise beriet sie die Forestry Commission darin, wie man alte Hügellandschaften durch Aufforstung mit Mischwald wieder attraktiv machen könnte, wobei ihr Rat nicht immer beherzigt wurde. Sie versuchte eine Definition der Prinzipien gelungener Gartengestaltung. Ihrer Meinung nach sind die wesentlichen Kriterien „Einheit, Maßstab, Zeit, Raumaufteilung, Licht und Schatten, Struktur, Ton und Farbe sowie Stile".

Tintinhull schneidet bei Crowe gut ab. Das durch die großen Bäume erzeugte Spiel von Licht und Schatten trägt maßgeblich zum Gesamtbild bei. Obwohl der Garten eben angelegt ist, glaubt man Höhen und Tiefen zu erkennen. Es gibt zwei formale Teiche, deren Formen und Spiegelbilder durch die feinen Farbeffekte, Strukturen und Muster von Blüten, Blättern und Pflasterung betont werden. In ihrem Zusammenspiel ergeben sie ein Ganzes, das weit mehr ist, als die Summe seiner Einzelteile.

RECHTS
Die Rabatten von Montacute in Somerset wurden von Phyllis Reiss gestaltet. Sie wählte kräftige Farben – Violett, Gelb und dunkles Rot – als Kontrast zu dem gelben Stein des imposanten Gebäudes.

RECHTS
Phyllis Reiss' eigener Garten in Tintinhull war ruhig, friedlich und verhalten. Durch geschickte Gestaltung entstand auf dem kleinen, flachen Gelände der Eindruck von Erhabenheit und Weite. Im hier abgebildeten Teichgarten blühen im Frühjahr weiße und cremefarbene Tulpen, die später durch weiße Rosen abgelöst werden.

Phyllis Reiss hätte sich von einigen ihrer überspannten Vorgängerinnen kaum stärker unterscheiden können. Graham Thomas schrieb über sie:

> Wer Mrs. Reiss kannte, wird ihr freundliches Wesen niemals vergessen, und alle, die ihren Garten besuchen, haben ihr vieles zu verdanken. Mit ihrem Garten läßt sie uns teilhaben an ihrem ganzen Können, ihrer Heiterkeit und ihrer Liebe zur Schönheit.

Sie war fröhlich und natürlich. Eine der seltenen Sendungen für den BBC leitete sie mit den Worten ein: „Mein Garten ist, wie ich denke und hoffe, heiter." Sie sagte, sie genieße das Alter, „jetzt, da all die Flammen des Lebens verloschen sind und die glimmende Glut der Erinnerungen und Freundschaften bleibt". Tintinhull spiegelt ihre Gelassenheit und Ausgeglichenheit.

Neben Tintinhull sollte Phyllis Reiss auch das benachbarte Montacute House in Somerset, jetzt ebenfalls im Besitz des National Trust, beratend mitgestalten. Sowohl Vita Sackville-West als auch Norah Lindsay haben es besucht und Vorschläge unterbreitet. Doch übernahm Phyllis Reiss, vielleicht aufgrund ihrer räumlichen Nähe, die endgültige Planung. Montacute ist ein großes und stattliches elisabethanisches Haus mit hoch aufragenden Fialen. Nach Graham Thomas' Urteil schuf Phyllis Reiss eine höchst gelungene Anlage, passend zur Größe und Kühnheit des Gebäudes.

> Sie wurde der Aufgabe bravourös gerecht, und die Rabatten sind ein außerordentlicher Erfolg mit ihren kräftigen Farben – seien es violettes Blaukissen und zitronengelber Goldlack, purpurne Clematis, die sich durch die Steinbalustraden ergießt, das Rot der Dahlien und Rosen im Oktober oder auch der Kontrast des Blattwerks von Yucca und Bergenie.

Stilistische Vorlieben und Vorstellungen von Pflege ändern sich mit der Zeit erheblich. Was für die eine Generation der Inbegriff des Modernen, wird von der zweiten in Frage gestellt und von der dritten vergessen – um möglicherweise von der vierten wiederentdeckt zu werden.

Früher mußte man reich sein, um aufzufallen. In unserer heutigen Zeit zeichnet sich im Gartenbereich eine Demokratisierung ab. Alle möglichen Geräte und Maschinen erleichtern die Gartenarbeit, und es gibt für den, der sie einsetzen möchte, die verschiedensten Chemikalien, um den Wuchs zu fördern und Schädlinge in Schach zu halten. (Bei aller Neigung zum organischen Landbau stellt Schneckenkorn doch eine Versuchung dar, tun Scheiben von Weißen Rüben es einfach nicht mehr.) Der Erwerb von Pflanzen ist heute viel einfacher geworden. Hunderte hochspezialisierter Gärtnereien warten mit ungewöhnlichen Gewächsen auf, und Gartencenter in der Nachbarschaft bieten eine mitunter überraschende Vielfalt von Sträuchern, Blumen und Kräutern an. Inzwischen haben Frauen im Gartenbereich auch professionell Fuß gefaßt, und die eine oder andere ist in die höchsten Positionen aufgestiegen. Mit dem Thema der berufsmäßigen Gärtnerei befaßt sich das folgende Kapitel.

KAPITEL 3

GRÜNE TALENT-SCHUPPEN

Schöne Gärten existieren nicht im Vakuum. Hinter ihnen steht eine ganze Branche. Da sind die Männer und Frauen, die Pflanzen ausfindig machen und sie kultivieren oder kreuzen; die Händler, die die Pflanzen vertreiben; die Hersteller von Gartengeräten und Chemikalien, Plastiken, Töpfen und Möbeln; die Journalisten, Autoren und Photographen, die Pflanzen und Gärten dokumentieren; die Gartendesigner und Gartenbautheoretiker, die zu definieren versuchen, was einen gelungenen Garten ausmacht; die Lehrer und Ausbilder von Gärtnern; diejenigen, die in Botanik, Gartenbau und Landschaftsarchitektur wissenschaftlich arbeiten; und nicht zuletzt die vielen Hunderte von Gartenvereinen und -gesellschaften für Profis und Amateure, die als lokale Börsen oder Fachforen für den Austausch von Informationen, Samen und Pflanzen dienen.

Das Spektrum der Tätigkeiten und Gewerbe im Zusammenhang mit Gartenkunst ist breit gefächert. Die jährliche Royal Horticultural Show im Londoner Stadtteil Chelsea vermittelt ein Bild von der Komplexität und Vielseitigkeit dieser Welt. Wie viele Frauen aber konnten sich in ihr durchsetzen?

Eine der namhaftesten ist Gertrude Jekyll, Gartenautorin und -architektin, deren Anlage in Munstead Wood, Surrey, von den achtziger Jahren des

Helen Allingham malte Anfang dieses Jahrhunderts idealisierte und oft sentimentale Darstellungen von Cottage-Gärten,
so dieses Bild von Gertrude Jekylls Staudenrabatte in Munstead Wood.

vorigen bis in die zwanziger Jahre unseres Jahrhunderts ein Mekka für Liebhaber und Fachleute war. Ihre scharfsinnigen Betrachtungen und Theorien über Farbe und Entwurf haben die jüngeren Gärtnergenerationen nachhaltig beeinflußt. Sie war befreundet mit Ellen Willmott, mit der sie 1897 die Victoria Medal of Honour der Royal Horticultural Society erhielt. Während Ellen Willmott aber in Vergessenheit geriet, befolgt man Miss Jekylls Ansichten zu gutem Geschmack und Kultur im Garten noch heute beinahe wie ein Evangelium.

Gertrude Jekyll betrachtete sich selbst als Profi. Sie leistete stets Arbeit von höchstem Niveau, war unabhängig und angesehen und verdiente mit Schreiben und Aufträgen ihren Lebensunterhalt. 1862 begann sie als eine

Gertrude Jekyll als alte Dame. Ursprünglich wollte sie Malerin werden. Dann aber widmete sie sich dem Kunsthandwerk und wurde eine fähige Vergolderin, Holzschnitzerin, Stickerin und Photographin, bis sie sich schließlich voll auf den Garten konzentrierte. In Munstead Wood schuf sie ein Anschauungsobjekt für ihre Theorien. In späteren Jahren wurde sie eigenbrötlerisch und schreckte damit Besucher ab.

der ersten Frauen ihre Ausbildung an der School of Art in Kensington. Sie hatte Schneid. Die betuchte gehobene Mittelschicht, der sie angehörte, begegnete Frauen mit solch kühnen Zielen wie einer höheren Ausbildung und beruflichem Aufstieg mit Argwohn. Doch sie wußte ihre Familie hinter sich und ging von Anfang an ruhig-entschlossen und selbständig ihren Weg. Ihre künstlerische Ausbildung war mehr als penibel: im ersten Jahr feilte man bis zur Perfektion an einer einzigen Zeichnung.

Die Theorien John Ruskins und des Arts and Crafts Movement unter William Morris hatten einen starken Einfluß auf Gertrude Jekyll, doch vermied sie sorgsam jedes Engagement in den ihnen so wichtigen sozialen Themen. Der utopische Sozialismus interessierte sie nicht. Ebenso hielt sie trotz ihrer langjährigen engen Freundschaft mit Barbara Bodichon, einer Vorkämpferin für die Frauenemanzipation, an ihren konservativen Ansichten zur Gesellschaftsordnung fest. Alles, auch die Menschen, hatte in ihren Augen „seinen rechten und ihm gebührenden Platz“.

Vielen gilt sie als Meisterin der Handarbeiten und Landhausgärten. Sie war mit Helen Allingham befreundet, die sich in Munstead Wood aufhielt und deren in der edwardianischen Zeit so beliebte gefühlvolle, in warmen, leuchtenden Farben gehaltene Bilder von Cottage-Gärten mit ihr in Verbindung gebracht wurden. Trotz des beschaulichen Charmes der Allingham-Bilder aber haftete dem gut organisierten und entbehrungsfreien Leben Gertrude Jekylls oder auch ihrem sechs Hektar großen, bestens bestockten und bestellten Garten kein ländlicher Mief an.

Sie hegte Bewunderung für das Kunsthandwerk und besaß selbst große Fertigkeiten im Sticken, Quilten, Vergolden, Silberschmieden, Holzschnitzen, Malen und Photographieren und nicht zuletzt im Gärtnern. Trotz dieser vielseitigen Talente mißbilligte sie jedes Abweichen von Tradition, Mäßigkeit und schicklicher Ordnung. Ihr Leben war, wie ihr Garten, sorgfältig angelegt.

Erst als Spätvierzigerin gab sie ihre künstlerischen und kunsthandwerklichen Tätigkeiten weitgehend auf, um sich fast ausschließlich den Gärten zu widmen. Sie hatte sich auf diesem Gebiet schon einen Namen gemacht, als sie sich mit Munstead Wood gewissermaßen eine Werkstatt zulegte und begann, Theorien zu entwickeln. Die Gartengestaltung, sagte sie, gleiche dem Malen. Die Farben seien „mit der Besonnenheit und reiflichen Über-

RECHTS
Edwin Lutyens wagte als einziger, Gertrude Jekyll zu karikieren und sich über ihren Eigendünkel lustig zu machen. Hier stellt er sich selbst in unterwürfiger Haltung vor einer – im doppelten Sinne – gewichtigen Miss Jekyll dar.

UNTEN RECHTS
Der Garten von Hestercombe, einer der bekanntesten und besterhaltenen Entwürfe Gertrude Jekylls.

legung" zu setzen, „wie ein Maler sie in seinem Bild verwendet, anstatt sie so, wie sie gerade auf der Palette sind, in leblosen Tupfen aufzuklecksen". Sie sollten, dem Spektrum folgend, dahinfließen und nicht grelle, sondern feine Übergänge schaffen. Ihre Bemerkungen waren stets wohlgesetzt. Würde, Beschränkung, Bedacht und Kultiviertheit waren die Worte, die sie immer wieder gebrauchte, wenn sie von Gartenarbeit sprach.

In den achtziger Jahren des vorigen Jahrhunderts schrieb Gertrude Jekyll für William Robinsons Zeitschrift *The Garden* und für ein Kirchenblatt namens *The Guardian*. Außerdem fungierte sie als Preisrichterin bei Gartenschauen. Eine Zeitlang hatte sie seltene Pflanzen gesammelt und gekreuzt. Sie kannte alle Gärtner, Gartenautoren und Gartenkünstler ihrer Zeit. Doch mied sie, wie ihre Biographin Sally Festing anmerkt, das gesellschaftliche Leben und wollte ihre Zeit nicht damit verschwenden, „mit Leuten, die ihr nichts bedeuteten, über Themen zu reden, die sie nicht interessierten".

Mit 46 Jahren, als sie bereits zur Gartenprominenz zählte, begegnete sie dem 19jährigen Edwin Lutyens. Sie war bezaubert von seinem jungenhaften Witz, seiner schmeichelnden Art und seiner Zuneigung. Er bewunderte ihre Weltgewandtheit und Fähigkeiten. Am Wochenende kam er regelmäßig zu

Besuch. Nur in seiner Gesellschaft legte sie ihre Förmlichkeit ab und war entspannt. Für ihn war sie ‚Aunt Bumps' oder ‚Mabs' – Mother of All Bulbs (Mutter aller Zwiebeln). Zusammen besichtigten und photographierten sie Häuser, Farmen und Cottages und machten Notizen zu ihrer Bauart, den verwendeten Natursteinen und Ziegeln und den Zulieferbetrieben. Sie haßte Geschmacklosigkeit: Gebäude sollten „von schlichter Zweckmäßigkeit" sein, „das Beste und Rechtschaffenste" und „für eine kleine Ewigkeit gebaut". Bei ihren Freunden und Bekannten beschaffte sie Aufträge für ihn und übertrug ihm den Bau ihres Hauses auf ihrem Grund in Munstead Wood. Für beide stellten Haus und Garten eine Einheit dar. Ihre Partnerschaft ist legendär.

Gertrude Jekyll lieferte Entwürfe für über 350 Gärten, häufig nur für ein einzelnes Element wie ein Inselbeet oder einen Kräutergarten. Anstatt die Plätze zu besichtigen, forderte sie lieber genaue Angaben dazu an und sandte dann den Besitzern ihre Pläne. Oft kam es zu einem Briefwechsel

über ihre Vorschläge. Einige der Gärten entwarf sie zusammen mit Lutyens, viele Aufträge aber erledigte sie allein. Lutyens dagegen schickte ihr fast immer seine architektonischen Entwürfe zur Begutachtung.

Berühmt wurde sie auch durch ihre 14 Bücher und über 2000 Artikel. Vieles davon ist noch immer erhältlich. Neben ihrem zurückhaltenden und leicht frömmlerischen Ton fällt die Qualität ihrer Beobachtungen auf, etwa in folgender Beschreibung des Wacholders im Februar:

> Er besitzt kaum eindeutiges Grün; eine Spur warmer Farbe in den schattigen Vertiefungen und einen blaugrauen Schimmer, wie er feiner nicht denkbar wäre, im äußeren Bereich des Laubes. Jedes winzige, schneidenförmige Blatt zeigt oberseits ein Band blassesten Blaugrüns, umrahmt von einer schmalen Linie in Dunkelgrün mit leichtem Glanz; man könnte meinen, die grüne Unterseite sei über den Blattrand gezogen, um oben eine dunkle Einfassung zu erzeugen ... Dieses Nebeneinander verschiedener Farben und Strukturen und die kleinen, dornigen Blätter in ihrer unendlich vielfältigen Anordnung lassen den Blick unbewußt ein wenig in das Ganze eindringen, so daß man ebensoviel zarten Schatten wie tatsächliche Blattfläche sieht, und dies ist wahrscheinlich der Grund für die wunderbar delikate und geradezu unfaßbare Farbwirkung.

Eine derart subtile Wahrnehmung und sorgfältige Beschreibung ist wahrhaftig eine Kunst, und an ihr arbeitete sie ihr Leben lang.

Durch ihren besonderen Erfolg und ihre Reputation wurde sie zum Vorbild, wobei es ihr nicht darum ging, für andere Frauen ein Bresche zu schlagen. Doch übernahm sie die Schirmherrschaft über eine der ersten Gartenschulen, die von Lady Frances Wolseley gegründeten Glynde School for Lady Gardeners. Lady Frances lernte viel über die Gärtnerei von William Robinson, dem sie erstmals 1888 als Sechzehnjährige begegnete.

Die Gartenschule begann 1904 mit zwei Schülerinnen. Sie war nie besonders groß und bestand nicht lange, ihre Absolventinnen aber genossen hohes Ansehen – Gertrude Jekyll bemühte sich, sie an ihren Aufträgen zu beteiligen. Lady Frances stammte aus einer Offiziersfamilie, und entsprechend herrschte in ihrer Schule Zucht und Ordnung.

RECHTS
Lady Frances Wolseley, die in ihrer Schule eine eiserne Zucht ausübte.

UNTEN
Schülerinnen der Glynde School for Lady Gardeners beim praktischen Unterricht in einem Wickenfeld.

Die Glynde School war nur Teil einer größeren Bewegung, die für bessere Berufschancen von Frauen eintrat. Schon in den siebziger Jahren des 19. Jahrhunderts druckte der *Gardener's Chronicle* Artikel über die Gardening School for Women in Boston, USA, die einige vehemente Kommentare und Leitartikel etwa diesen Tenors zur Folge hatten:

> Würden Sie Frauen zum Pflügen und Aufladen und Wegkarren von Mist einsetzen?... Ebensowenig würde ich Frauen Fußböden schrubben oder ihre Tage am Waschtrog zubringen ... oder Kuchen backen lassen ... Bei jedem Unternehmen würde ich der Muskelkraft die Plackerei und der Intelligenz die Feinarbeit übertragen.

Das 1898 gegründete Studley College for Women in Warwickshire war eine weitere Ausbildungsstätte für Frauen. Seine Initiatorin, die Gräfin von Warwick, war eine Zeitgenossin von Jekyll und Wolseley, aber viel umstrittener als diese beiden. Sie war anerkanntermaßen von großer Schönheit, überzeugte Feministin und Sozialistin und Vertreterin des Philantropismus. Nach viktorianischen Wertmaßstäben galt sie als eine lockere Dame, die, wie allgemein bekannt war, ein freundschaftliches Verhältnis mit dem Prinzen von Wales pflegte. Ihr Ruf überschattete ihre Leistungen und ihren Einsatz für die Stellung der Frau in Landwirtschaft und Gartenbau. 1899 rief sie die *Women's Agricultural Times* als offizielles Presseorgan der Lady Warwick Agricultural Association for Women ins Leben. Die Zeitschrift stand mit einer Vermittlungsstelle für weibliche Arbeitskräfte in direkter Verbindung und veröffentlichte Stellenanzeigen, auch für die Kolonien. Die Gründung des Studley College wurde durch Geldspenden vermögender Freunde möglich, darunter der König höchstpersönlich, außerdem Winston Churchill, Mrs. Asquith und Cecil Rhodes.

Das College besaß moderne Laboratorien und Wohntrakte und konnte jährlich 100 Elevinnen aufnehmen. Verschiedene Ausbildungsgänge für Landwirtschaft und Gartenbau waren vorgesehen. Bei der praktischen Umsetzung der Vorstellungen Lady Warwicks ergaben sich jedoch Probleme. Trotz erheblicher Zuwendungen des Landwirtschaftsministeriums steckte das College ständig in finanziellen Schwierigkeiten. Immerhin verfügte es über Lehrer mit akademischer und fachlicher Qualifikation, und

Die Gräfin von Warwick, eine streitbare Frauenrechtlerin, 1903 bei der Eröffnung des Studley College. Die Schule lag auf dem heruntergekommenen Gelände eines großen Landguts in Warwickshire, zu dem auch ein pseudoviktorianisches Schloß und ein landwirtschaftlicher Betrieb gehörten.

seine Zertifikate waren landesweit anerkannt. Hinter seiner Schließung 1967 stand paradoxerweise das gleiche Motiv wie hinter seiner Gründung: der ausschließliche Zugang für Frauen. Da man meinte, den Frauen stünden im Gartenbau nun alle Türen offen und Pionierarbeit sei nicht mehr nötig, wurde die staatliche Unterstützung eingestellt.

Das Swanley Horticultural College in Kent war die erste aller Fachschulen und mit seinem koedukativen Ansatz eine Ausnahme. Es öffnete 1885 seine Pforten für Männer und nahm 1891 die ersten Frauen auf, was vom *Gardener's Chronicle* begeistert zur Kenntnis genommen wurde: „Die Einrichtung ist einzigartig im Ausbildungssystem." 1899 waren die Frauen zahlenmäßig weit überlegen, und mit dem Abgang des letzten männlichen Studenten 1902 wurde das Institut ein reines Frauencollege. Aufzeichnungen zufolge gingen Studentinnen von Swanley 1908 für das Frauenwahlrecht mit auf die Straße.

Swanley stand in ausgezeichnetem Ruf. Der County Council von Kent zahlte Zuschüsse, und auch das Erziehungsministerium bewilligte Gelder. Lange Jahre wurde das College von einer ehemaligen Studentin und inzwischen namhaften Wissenschaftlerin, Dr. Kate Barratt, geleitet. Es bot Kurse an, die mit dem ersten akademischen Grad abschlossen, und war allgemein

Die Mädchen von Kew in einer Aufnahme von 1896.
Trotz ihrer züchtigen Kleidung
– braune Anzüge mit Knickerbockers waren Vorschrift –
erregten sie großes Aufsehen.

als ‚brain place', übersetzt etwa ‚Gripsfabrik', bekannt. 1939 ging es im Wye College der Londoner Universität auf.

Sir William Thistleton-Dyer, Leiter der Royal Botanic Gardens von Kew, fand sich unter erheblichem Druck, Swanley-Absolventinnen einzustellen. 1896 gab er nach. Um nicht aufzufallen, mußten die Frauen wie Jungen braune Anzüge mit Knickerbockers tragen. Die Maßnahme erwies sich als Eigentor, denn sie lockte Scharen von Schaulustigen an. Die Satirezeitschrift *Fun* reagierte darauf 1900 mit folgenden Zeilen, in Anspielung auf den Gartennamen mit dem Titel „Kewrioses aus London" überschrieben.

Die Zeitungen schrieben von Pumphosen-Frauen.
Auf Kew alsogleich ganz London fuhr zu,
um droben vom Bus das Spektakel zu schauen
von den Pumphosen-Frauen im Garten von Kew.

Orchideen und Lilien war'n die Geplagten,
die Dahlien auch, die Botaniker klagten,
doch London erschallte in lautem Juhu:
Statt blumigem Pomp nun Pumphosen in Kew.

Die Frauen von Kew mußten schwer arbeiten und ihre Liebe auf die Blumen beschränken. In den Annalen des Gartens ist zu lesen, daß eine der ersten Angestellten ihre vielversprechende Laufbahn aufgeben mußte, weil „sie sich einen Mann nahm".

Auch zwei Protagonistinnen der Landschaftsgestaltung, Sylvia Crowe und Brenda Colvin, waren in Swanley. Sylvia Crowe durchlief die gesamte Ausbildung, wurde Gartendesignerin und dann Landschaftsarchitektin. Brenda Colvin dagegen war mit der Ausbildung nicht einverstanden, ging frühzeitig ab und stellte einen der Dozenten als Privatlehrer an. Auch sie wurde Gartendesignerin. Beide kritisierten Gertrude Jekyll als „schrullig", unprofessionell und letztlich unbedeutend. Moderne Materialien und innovative Ideen kennzeichnen ihre Arbeiten. Sylvia Crowe entwarf für die Flower Show in Chelsea 1937 ein Gartenhaus aus Beton, und Brenda Colvin wirkte an der Entstehung des Institute of Landscape Architects (1928 anläßlich der Chelsea Flower Show gegründet) mit. Beide sahen Gärten als Teil eines größeren, in die Landschaft integrierten Konzepts an, in dem sich die individuellen Vorlieben wichtigeren Aspekten unterzuordnen hatten. In ihrem 1970 erschienenen Buch *Land and Landscape* vertritt Brenda Colvin den Standpunkt:

> Wir sollten den Planeten Erde als Gesamtorganismus ansehen, in den die Menschheit eingebunden ist ... unser Gefühl überlegener Individualität, das wir so lieben, ist eine Illusion.

Mit ihren Entwürfen erschlossen sich Sylvia Crowe und Brenda Colvin neue Tätigkeitsbereiche: die Gestaltung von Fabriks- und Kraftwerksgeländen, heruntergekommenen Industrielandschaften, Parks und öffentlichen Anlagen sowie Aufforstungsprojekte. Brenda Colvin lehnte die gezielte Protektion von Frauen entschieden ab:

> Ich verwahre mich gegen *jede* Form von Diskriminierung und sehe keine Notwendigkeit für spezielle Frauenorganisationen, denn mir scheint, daß unsere Einflußmöglichkeiten in gemischten Gremien weit größer sind als in Zusammenschlüssen, die auf Opposition aus sind.

Frances Perry, heute in den Achtzigern, erste Vizepräsidentin der R.H.S. und Inhaberin der Victoria Medal of Honour, hatte ebenfalls in Swanley studiert. Sie war eine Nachbarin von E. A. Bowles, dem berühmten Pflanzenexperten und notorischen Frauenhasser. „Ich sehe dich wie einen meiner Burschen an", sagte er zu der ehrgeizigen jungen Dame. Seit sie als Dreizehnjährige die Chelsea Flower Show besucht hatte, wollte sie unbedingt eine Laufbahn im gärtnerischen Bereich einschlagen. Bowles empfahl ihr dringend „eine richtige Ausbildung" und schlug ihr Swanley vor. Die Studentinnen waren eine bunte Mischung aus wirklich Engagierten, frisch Geschiedenen und solchen, die lediglich bis zu ihrer Einführung bei Hofe die Zeit totschlugen. Es herrschte strenge Internatsdisziplin, aber auch gute Kameradschaft, und man hatte viel Spaß.

Nachdem sie Swanley 1925 verlassen hatte, erhielt Frances, nicht ohne einen gewissen Widerstand der männlichen Mitarbeiter, eine Stelle in der berühmten Gärtnerei von Perry. Sie heiratete den Sohn des Besitzers, wurde Spezialistin für Wasserpflanzen und schrieb ein Buch mit dem Titel *Water Gardening*, das noch heute als Standardwerk gilt.

Frances Perry, Absolventin des Swanley College erlangte als Pflanzenzüchterin, Dozentin und Gartenjournalistin hohes Ansehen.

Bei den Royal Horticultural Shows vertrat sie die Firma. Auf den Ausstellungen hatte sie manche Häme von männlicher Seite auszuhalten. Sie erinnert sich, wie eine andere Frau, die Pumphosen trug, zur Zielscheibe unbarmherzigen Spotts wurde: „Wir kamen an, und schon begannen die Grobheiten." Aber sie hielt durch und arbeitete auch nach ihrer Heirat und der Geburt ihrer Söhne weiter. Sie wurde Dozentin an einer Gartenfachschule und ging zum Fernsehen. Ihre freundliche Art und ihre typisch ländliche kehlige Aussprache kamen sogleich gut an. Viele Jahre moderierte sie Sendungen zu Gartenthemen. Außerdem wurde sie Rektorin des Colleges und schrieb Bücher und Artikel. Es waren die Anfänge des Fernsehens, und die Bedingungen waren primitiv. Sie erinnert sich:

> McDonald Hobley trug eine Smokingjacke und dazu eine alte Hose und Freizeitschuhe, denn es wurde nur der Oberkörper gezeigt. Im

RECHTS
Beatrix Havergal, respekteinflößende Gründerin der Waterperry School for Lady Gardeners. Sie trug grundsätzlich eine Uniform, bestehend aus grünen Strümpfen, grünem Hänger, weißem Hemd mit gestärktem Kragen und brauner Krawatte.

UNTEN RECHTS
Schülerinnen von Waterperry graben auf dem Südfeld im Gleichtakt Mist unter. Ihr Arbeitstag begann spätestens um 7 Uhr morgens.

> Studio herrschte eine gräßliche Hitze. Sie sagten immer, ich sei zu braun, und stäubten gelbes Zeug über mein ganzes Gesicht. Die Pflanzen hatten die Unart zu welken. Sie standen unter einer Bank und wurden in letzter Minute hervorgeholt.

Im Alter von 60 Jahren wurde Frances Perry in den Rat der R.H.S. berufen. Anlaß hierfür waren laut Roy Hay (ihrem späteren Ehemann) die in *The Times* veröffentlichten Klagen auf der Jahressitzung der R.H.S., daß es im Council keine Frauen gebe. Unwirsch erwiderte der Vorsitzende Lord Aberconway: „Keine Frau ist gut genug. Was soll ich tun?" Roy Hay überredete ihn, Frances Perry einzuladen. „Eine großartige Person, mit der man gut auskommt. Alle, die mit ihr zusammengearbeitet haben, lieben sie. Ich denke, mit ihr sind Sie gut beraten." Auf ihre Einladung reagierte sie mit einem selbstbewußten Brief:

> Wenn Sie mich wollen, weil ich eine Frau bin, lautet die Antwort nein. Wenn Sie mich aber wegen etwas ausgewählt haben, was ich für den Gartenbau getan habe, nehme ich an.

Nach ihrer Pensionierung zog sie sich keineswegs aufs Altenteil zurück. Sie bereiste die ganze Welt, wurde eine international anerkannte Pflanzenexpertin und veröffentlichte weiterhin. Sie war Mitinitiatorin des Capel Manor Garden in Middlesex, heute Gartenzentrum für die Verbraucherzeitschrift *Which?*. Obwohl inzwischen hochbetagt und gebrechlich, ist sie noch immer auf Ausstellungen zu sehen, unternimmt häufig Auslandsreisen und hält Vorträge vor Gärtnern in ihrer bescheidenen und nüchternen Art.

Waterperry war zweifellos die eigenartigste aller Gartenfachschulen für Frauen. Sie wurde 1927 von Beatrix Havergal und Avice Sanders gegründet. Miss Havergal war in Thatcham ausgebildet, einer kleinen und nur kurzlebigen Gartenschule, und trat dann eine Stelle als leitende Gärtnerin in Downe House, einem Mädchenpensionat, an. Dort traf sie Miss Sanders. Sie beschlossen, etwas Eigenes aufzubauen. Miss Havergal war von kräftiger Statur; ihre auffallend großen Füße steckten in blank geputzten Schnürschuhen. Sie hatte kurzgeschnittenes Haar und trug stets die Thatcham-Uniform, bestehend aus dicken Strümpfen über Breeches, einem Hänger und bei schlechtem Wetter einer Jacke aus flauschigem Wollgewebe mit

Messingknöpfen; das alles in Grün, dazu ein weißes Hemd mit gestärktem Kragen und eine braune Krawatte. Ein Muß war für sie die tägliche gemeinschaftliche Andacht, die sie mit ihrer klangvollen Stimme selbst hielt. Sie teilte sich das Schlafzimmer mit Miss Sanders, die eine dezentere Art besaß, mit den Mädchen aber genauso streng umging.

Miss Havergals Persönlichkeit war so beeindruckend, daß die meisten ihrer Studentinnen sich jeden Kommentars über ihr Aussehen und ihre Lebensführung enthielten. Lord Aberconway aber begegnete ihr Roy Hay zufolge mit gemischten Gefühlen: er bewunderte sie für ihren Ruf im Gartensektor und behandelte sie bei Gartenschauen zuvorkommend, andererseits aber wollte er sie aus dem inneren Kreis der R.H.S. heraushalten. Übrigens inspirierte Miss Havergal mit ihrer Kluft Roald Dahl, der Waterperry einmal besuchte, zu seiner Figur ‚Miss Trunchball'.

Die wie ein normales Internat geführte Schule war klein. Gewöhnlich beherbergte das große, zugige Gebäude nur etwa 20 Studentinnen, höhere Töchter mit Liebe zur Natur. „Ideal vielleicht für alle ohne hochgesteckte Ziele und jene, die ein glückliches, zurückgezogenes Leben führen wollten." Langsam fielen die gesellschaftlichen Schranken, und die verschiedensten Mädchen schrieben sich ein. Wie in der Glynde School herrschte ein strenges Regiment. Wenn eine Pflanze oder ein Sämling welkte oder einging, schreibt Ursula Maddy in ihrem Buch *Waterperry: A Dream Fulfilled*, wurde eine Versammlung einberufen und das Vorkommnis besprochen:

> ... ein jeder derartiger Akt der Gleichgültigkeit oder Nachlässigkeit ist zu bestrafen, und am nachhaltigsten wird dies erreicht, indem man jedes Mitglied der Gemeinschaft über das angerichtete Unheil persönlich betroffen macht.

Die praktische Schulung hätte gründlicher nicht sein können, während die Theorie bisweilen in den Hintergrund trat, wenn Zier- oder Nutzpflanzen besonderer Aufmerksamkeit bedurften. Im Verwaltungsbereich fehlte es jedoch an Übersicht. Diplome und Zertifikate wurden nicht richtig ausge-

Die Staudenbeete von Waterperry
präsentieren sich heute in vollkommener Schönheit.

stellt, die Noten oft erst am Abend vor der Abschlußfeier erteilt. Die Bibliothek und andere Studieneinrichtungen waren schlecht organisiert. Bei der Einstellung der Mitarbeiter ging es ebensowenig korrekt zu wie mitunter bei ihrer Bezahlung. Das Essen, über das Miss Sanders wachte, war gesund, aber eben Anstaltskost. In den Unterkünften herrschte peinlichste Sauberkeit. Gesundheit und Sicherheit waren Angelegenheit jedes einzelnen: „Von allen Arbeitern wurde gesunder Menschenverstand erwartet, man ging davon aus, daß Unfälle schlichtweg nicht vorkamen."

Die Feststellung, Männer seien „ein notwendiges Übel" und die Ehe eine Enttäuschung, war ein gängiger Schulwitz. Als eine Studentin Miss Havergal ihre Verlobung mitteilte, bekam sie die teils als Scherz, teils mit Zorn geäußerte Frage zu hören: „Und was ist mit dem Garten?" Die einzige Begegnung mit Männern fand beim jährlichen Besuch der Studenten des theologischen Instituts in Cuddesdon statt. Anfangs veranstalteten beide zusammen Theateraufführungen, die schließlich jedoch von Cuddesdon als zu gewagt eingestellt wurden.

Immerhin aber galt die Ausbildung als gründliche Vorbereitung auf den gewerblichen Gartenbau. Fünfzehn Jahre in Folge gewann Waterperry bei der Chelsea Flower Show eine Goldmedaille für seine Erdbeeren ‚Royal Sovereign'. Nur mit intensiver Arbeit und unter Vernachlässigung anderer Aufgaben konnte diese Leistung vollbracht werden. Ursula Maddy schreibt:

> Wochen vor dem großen Tag sammelten die Schülerinnen kleine Haselruten, die sie als Stützen zuschnitten und grün strichen, um dann mit ihnen die Früchte an den Stielen von der Erde fernzuhalten.

Jede Beere wurde mit Seidenpapier umhüllt und für den Transport nach Chelsea in Watte gepackt. Nachts wurden die Schaustücke dort bewacht, denn „die größten Marodeure waren diensthabende Polizisten und Amseln".

Trotz aller Eigenarten brachte die Schule einige bemerkenswerte Absolventinnen hervor. Im wesentlichen war dies Miss Havergals Verdienst. Nach ihrer Pensionierung schloß die Schule bald ihre Pforten – die letzte Aufnahme erfolgte 1969. Heute ist Waterperry ein Gartencenter, und der einstige Unterrichtsbereich wurde zu einer Teestube umfunktioniert. Allerdings sind noch immer einige Angestellte aus Miss Havergals Zeiten in den Gewächshäusern und im Garten tätig. Die berühmten Erdbeeren ‚Royal Sovereign' wurden von pflegeleichteren Sorten verdrängt und sind nur noch schwer zu finden.

Eine der namhaftesten Absolventinnen von Waterperry, Valerie Finnis, arbeitete nach ihrem Abschluß weiter in dem Institut. Ihre Mutter war eine begeisterte Gärtnerin und entwickelte die Islandmohnsorte ‚Constance Finnis'. Schon früh interessierte sich Valerie Finnis für Pflanzen. Sie ging in Downe House zur Schule, wo Miss Havergal einst gewirkt hatte, und es schien nur selbstverständlich, die Ausbildung in Waterperry fortzusetzen. Damals war Krieg und der Gemüseanbau von großer Wichtigkeit. Zusammen mit einem anderen Mädchen bestellte sie ein zehn Hektar großes Feld mit Gemüse und Früchten. Sie lernte das Anlegen von Mistbeeten und Kartoffelmieten, fachgerechtes Graben und Hacken und das Traktorfahren. Sie liebte es, den lehmigen Boden zu spüren, und war fasziniert von seiner Ergiebigkeit. Es war eine fesselnde, aber auch mühselige Arbeit. In der Erntesaison mußte sie um drei Uhr früh aufstehen, um mit einem Viertonner das Obst zum Covent Garden Market nach London zu fahren.

Nach dem Krieg begann Valerie Finnis, Steingartengewächse zu ziehen, und spezialisierte sich auf Steinbrech. „Es war ungeheuer spannend, den ersten Ableger zu bewurzeln. Ich baute die Steingartenpflanzschule auf, und es ging einfach immer weiter." Sie wurde zu einer bekannten Figur in der Gartenszene, war eine große Enthusiastin, eigenwillig und kenntnisreich. „Jedes Wochenende besuchte ich einen Garten und tauschte Pflanzen aus. Wenn man nur noch Pflanzen im Sinn hat, ist man bald bekannt."

Sie war eine Zeitlang zu Gast bei Margery Fish, erhielt kübelweise Pflanzen von Nancy Lindsay (durchlöcherte Zinkeimer mit Stummeln türkischer Zigaretten zwischen den Pflanzen), wurde eine gute Freundin von Bill McKenzie (damals Kurator des Chelsea Physic Garden) und tauschte mit den führenden Gärtnern ihrer Zeit Pflanzen aus. Zu dem Kreis gehörten Percy Picton, Gärtner bei William Robinson, G. P. Baker, Jimmy Platt, Clarence Elliott, der Steingartenexperte, Amy Doncaster, die berühmte Nachbarin von Roy Lancaster in Hampshire, Joyce, Lady Amory in Knightshayes – alles Namen aus dem *Who's Who* der Gartenwelt. Der rege Austausch von Raritäten innerhalb des Netzwerkes sicherte auch den Erhalt von Pflanzen.

RECHTS

Valerie Finnis mit Möpsin Sophie neben der Mohnzüchtung ‚Constance Finnis'.

UNTEN

Valerie Finnis und ihr Ehemann David Scott, ein bekannter Pflanzenzüchter, in ihrem Garten in Northamptonshire, aufgenommen 1978.

RECHTS

In dem malerischen Schuppen topften Valerie Finnis und David Scott für ihre Tage der offenen Tür Tausende von Sämlingen ein. Ihr Hut, nur einer von vielen, ist mit Leierschwanzfedern geschmückt.

SIZE: 10
COLOUR:

Eine Gönnerin von Valerie Finnis war Cecilia Christie-Miller, auch sie einst Schülerin von Downe House. Sie hatte ursprünglich bei Valerie Finnis das Interesse für Steinbrech geweckt. Miss Miller unterstützte, ohne große Worte darüber zu verlieren, Waterperry mit Spenden und überredete Miss Havergal zur Anschaffung eines Alpinums für die rasch wachsende Sammlung von Steingartengewächsen. Später vermachte sie Valerie Finnis ihre Pflanzen (die dann an Waterperry übergingen). E. B. Anderson, vormals Präsident der Alpine Society, hinterließ ihr einen *Rhodothamnus chamaecistus*, eine seltene, auf Torf gedeihende Zwergalpenrose, die noch immer in ihrem Garten zu sehen ist.

Valerie Finnis wurde eine anerkannte Pflanzenphotographin, ihre Blumenporträts fanden Liebhaber in aller Welt. Die notwendigen Kenntnisse autodidaktisch zu erwerben war, wie sie selbst sagte, „unbeschreiblich leicht". Ihre Photos, damals eine ziemliche Besonderheit, wurden von Zeitungen und Zeitschriften gern gekauft. Ihre gärtnerische Arbeit und die Photographie brachten ihr zahlreiche Aufträge ein. Überdies wurde sie häufig zu Vorträgen eingeladen, und zwei Jahre lang leitete sie die berühmten Swan-Hellenic-Kreuzfahrten. Um die griechischen Blumen kennenzulernen und mit den „fürchterlichen Botaniklehrerinnen" zurechtzukommen, die an den Reisen in großer Zahl teilnahmen, absolvierte sie bei Chris Brickell im Garten der R.H.S. in Wisley, Surrey, einen Schnellkurs. Bei ihren Vorträgen zeigte sie Dias, doch untersagte ihr der Reiseveranstalter die Verwendung des Photos einer Alraunwurzel, die an die männlichen Genitalien erinnerte. Gewöhnlich wurden die Reisen von „einem Mann aus Kew und seiner Frau" geleitet, und die botanische Führung zugleich mit der Betreuung der Gäste zu übernehmen war für eine einzelne Frau mitunter nicht leicht.

Ihre Hauptbetätigungsfelder waren Waterperry, wo sie täglich zwölf Stunden arbeitete, und die gärtnerischen Netzwerke, an denen sie 28 Jahre maßgeblich beteiligt war. Mit 46 Jahren heiratete sie Sir David Scott, einen renommierten Pflanzenzüchter, mit dem sie in Northamptonshire einen romantischen Garten anlegte.

Dieser Garten wie auch die Partnerschaft der beiden wurden zur Legende. Sir David Scott arbeitete weiter an seiner Sammlung seltener Sträucher und Bäume, und Valerie Finnis verpflanzte ihre zahlreichen

Steingartengewächse in den ummauerten Garten. Nach wie vor wollte sie auch auf den Anbau von Obst und Gemüse nicht verzichten. Der Garten wurde sorgsam von Hand gejätet und jeder vielversprechende Sämling gehegt und gepflegt. So konnten 32 neue Strauch- und Pflanzensorten zur Identifizierung und Prämiierung vorgestellt werden. Jahr für Jahr zogen sie über 10000 Jungpflanzen für ihren Tag der offenen Tür im Rahmen des National Gardens Scheme. An diesem Tag kamen jedesmal über 1500 Besucher aus ganz England, um den Garten zu besichtigen und Pflanzen zu kaufen, die es nirgends sonst gab. Valerie Finnis erhielt die Victoria Medal of Honour und gehört damit ebenso wie Gertrude Jekyll und Ellen Willmott zur handverlesenen Schar ausgezeichneter Gärtnerinnen.

Nach dem Tod ihres Mannes begann Valerie Finnis Teile ihrer Bestände an botanische Gärten, Gärtnereien und passionierte Pflanzensammler abzugeben. Steingartengewächse stellen hinsichtlich Sorgfalt und Pflege höhere Ansprüche als viele andere Arten, und diesen glaubte sie, beinahe 70jährig und allein, nicht mehr in der gewohnten Weise gerecht werden zu können. Die Tür ihres Schlafzimmers ist gespickt mit Karteikarten. Sie enthalten jeweils ein Photo und Notizen zu den Fortschritten eines jeden Stipendiaten der Merlin-Stiftung, die im Gedenken an ihren Mann zur Unterstützung und Weiterbildung von jungen Gärtnern und Gärtnerinnen eingerichtet wurde. Ihre höhlenartigen Räume und Korridore sind mit Gemälden von Freunden und mit ausgeschnittenen Zeitungsphotos von Pflanzen und Gärtnern übersät. Auf Tischen und Borden stehen Krüge mit Sträußen, und zum Mittagessen gibt es Gemüse und Obst aus dem eigenen Garten. Lebhaft und mit schwärmerischem Unterton erzählt sie ihre Erinnerungen und Klatschgeschichten aus Gärtnerkreisen. Ihre Begabungen und Leistungen rückt sie nicht nach vorn, und sie fürchtet, zu sprunghaft, zu zerstreut und zu grillenhaft zu sein, „eine Grashüpferseele", wie sie selbst sagt. Tatsächlich ist sie eine scharfe Beobachterin der Gartenszene, und ihre Richterkollegen bei den Schauen der R.H.S. wissen dies nur zu genau.

Ihre Philosophie lautet in etwa so: richtige Gärtner sind Arbeitstiere, und beim Gärtnern macht man sich nun einmal die Hände dreckig. Ein professioneller Gärtner hat ein Gespür für seine Pflanzen, er kennt sie in- und auswendig und bemerkt jede Veränderung im Aussehen und Wuchs.

Susan Dickinson,
Waterperry-Absolventin und heute leitende Gärtnerin in Eythrop,
neben einem ihrer extravagant bepflanzten Ziertöpfe.

Sue Minter, Kuratorin des Chelsea Physic Garden und eine der ersten weiblichen Führungskräfte im professionellen Gartenbau. Bevor sie nach Chelsea kam, war sie für das Palmenhaus von Kew verantwortlich.

Susan Dickinson wurde als eine der letzten in Waterperry aufgenommen und von Valerie Finnis gefördert. Über ihre Ausbildung äußert sich die heutige leitende Gärtnerin auf Lord Rothschilds Landsitz Eythrop bei Aylesbury, Buckinghamshire, recht positiv, wenngleich sie Miss Havergal als „altmodisch" empfand. Körperlich sei es „ein immenser Schock" gewesen, um sieben Uhr morgens mit der Arbeit beginnen und an kalten, dunklen Wintermorgen Töpfe und Frühbeetkästen säubern zu müssen. Nach ihrem Abschluß in Waterperry arbeitete sie in einem Garten in Irland, dessen zwanghafter Besitzer alle drei Jahre sämtliche Zwiebeln ausgrub, um sie zu zählen. Danach begann sie eine Ausbildung im belgischen Arboretum Kalmthout bei Antwerpen.

Die Mitarbeiter aus aller Welt und die freundliche Atmosphäre ließen sie einige ihrer Ansichten revidieren: „Dort herrschte eine Lebensphilosophie, die die Arbeit nicht als pure Pflicht, sondern als Vergnügen ansah." Zugleich lernte sie etwas über die Zusammenhänge zwischen Gartenerzeugnissen und gutem Essen, über die kreative Verwendung von Gemüse und Salaten in der Küche.

Nach verschiedenen Tätigkeiten arbeitete sie für Esther Merton am Old Rectory in Burghfield, Berkshire, was ihr großen Spaß machte. Ihre Arbeitgeberin besaß eine eigene Pflanzensammlung und Stilvorstellungen, die den ihren sehr entsprachen. Die riesigen Terrassentöpfe, die sie kreativ bepflanzten, waren oft in Gartenzeitschriften zu sehen. Von Burghfield ging sie nach Eythrop. Hier leitet sie mit sechs Mitarbeitern einen weitläufigen, ummauerten Garten, in dem nach seiner Neuanlage neben Pflanzen nun auch Obst und Gemüse kultiviert werden. Um das Haus erstrecken sich Blumenbeete viktorianischen Stils, Rasen, Waldflächen und ein See.

Eine der ranghöchsten Gärtnerinnen Großbritanniens ist Sue Minter, Kuratorin des Chelsea Physic Garden in London. Wie viele der hier vorgestellten Frauen begeisterte sie sich von Kindesbeinen an für den Garten. Mit elf Jahren besaß sie ihr erstes Gewächshaus, und mit 14 hatte sie sich auf Chrysanthemen spezialisiert. Für ihre Familie und Lehrer aber war das Gärtnern kein ordentlicher Beruf, und so studierte sie Geschichte in Cambridge. Sie ging ins Verlagswesen, stets aber blieb der Garten ihre eigentliche Leidenschaft. Ein staatlich gefördertes Ausbildungsprogramm ermöglichte ihr den Erwerb des National Certificate in Horticulture und den anschließenden Einstieg in den kommerziellen Gartenbau als Einkäuferin für eine Gärtnerei. Nach einer erneuten Fortbildung erwarb sie als Jahrgangsbeste die höchste Qualifikation im Gartenbau.

Eine Zeitlang arbeitete sie in einem Gartencenter, um 1982 nach Kew zu gehen, wo sie für die Vermehrung von Pflanzen gemäßigter Klimazonen zuständig war. Dann folgte ihre Ernennung zur Leiterin des Palmenhauses, dessen Restaurierung sie überwachte. Ihr Buch über das Palmenhaus wurde ein Bestseller der Gartenliteratur.

Im Chelsea Physic Garden, einem der ältesten Gärten Großbritanniens, ist sie heute nicht nur für die Pflanzensammlungen und -ausstellungen verantwortlich, sondern auch für die Rentabilität des Gartens. Wie Kew soll sich auch der Physic Garden in Zukunft selbst tragen. Erstmals in seiner Geschichte wird er daher Pflanzen zum Verkauf anbieten, die von den Raritäten seiner Sammlungen gezogen werden.

Es ist heute vergleichsweise einfach, eine Qualifikation im Gartenbaubereich zu erwerben. Ökologischer Gartenbau, Landschaftsdesign und -bau, private und spezialisierte Gärten, gewerbliche Produktion und Fachpresse – alle diese Bereiche stehen Studenten offen. Fünf Universitäten bieten in Großbritannien Abschlüsse in Gartenbau und damit verwandten Studiengängen, 28 Fachhochschulen eine qualifizierte praxisnahe Ausbildung. Öffentliche Einrichtungen und Fachverbände organisieren Kurse, Fern- und Abendunterricht stehen ebenfalls zur Wahl. Auch Kew und Wisley bilden Gartenbauexperten aus. Kew ließ erstmals 1954 Studentinnen zu, Wisley fiel als letzte Männerbastion 1973.

Jenny Webber ist in der Parkverwaltung eines Londoner Stadtbezirks beschäftigt. Als die ehemalige Arbeiterin ihr Interesse für das Gärtnern entdeckte, bewarb sie sich erfolgreich bei der Parkverwaltung, die sie in einen städtischen Gartenbaukurs schickte. Jetzt ist sie in einem kleinen Park, „nichts Nobles", für die allgemeine Pflege, den Rückschnitt und in gewissem Umfang für die Bepflanzung zuständig und hat dort eine „chemiefreie Zone" durchgesetzt.

> Ich bin gern im öffentlichen Dienst, schätze den Kontakt zu den Leuten im Park. Eine Privatgärtnerin möchte ich nicht sein ... wenn ich mal ein Kind nicht kenne, brauche ich nicht lang, um herauszufinden, wer es ist und wo es wohnt ... Ich kenne die Penner, die Hundebesitzer, die, die nur eine Abkürzung nehmen, die Nachbarn, die gern hier sitzen ... Und die Menschen sind sehr dankbar. Ich kann denen, die gleich am Park wohnen, Ratschläge geben, ich mähe alten Damen den Rasen und schneide ihre Hecken, gebe Stecklinge weiter.

Bedauerlicherweise soll ihre Stelle gestrichen werden. Vertragsarbeiter, die die Parks abfahren und das Unkraut niedersprühen, sind billiger. Wie in vielen kommunalen Parks und Gärten reicht das Budget für pflanzen- und menschengerechte Maßnahmen nicht aus. Rasenmähen und Rückschnitt der Sträucher erfolgen nach einem starren Plan. In der viktorianischen Ära waren die öffentlichen Gärten der ganze Stolz der Städte, die sich mit der gelegentlichen Einstellung von Frauen auch als soziale Wegbereiter erwiesen. Heute dagegen ist ihr Ideenreichtum und ihr Interesse versiegt.

Das Gärtnern ist mehr als ein Hobby, es ist ein Broterwerb und ein ordentlicher Beruf. Noch immer sind die Aufstiegschancen für Männer etwas besser, aber auch Frauen genießen allgemeine Anerkennung. Es hat sich viel getan, seit Gertrude Jekyll ihre Künstlerausbildung begann.

KAPITEL 4

VON FRAU ZU FRAU

Werden Gärtner gemacht oder geboren? Woher kommt das besondere gärtnerische Interesse? Viele der in diesem Buch vorgestellten Frauen – Alicia Amherst, Ellen Willmott und ihre Schwester Rose, Nancy Lindsay, Valerie Finnis – wollen es ihren Müttern verdanken, von denen sie die Blumenpflege erlernten, noch bevor sie lesen konnten. Andere entsinnen sich, von frühester Jugend an eine Faszination für Pflanzen und ihr Arrangement, ein Gespür für die kultivierten und wildwachsenden Blumen, Sträucher und Bäume um sich herum und eine unbändige, spontane Lust zum Gärtnern verspürt zu haben. Gertrude Jekyll erinnerte die starken und tiefen Gefühle, die sie schon als Mädchen für Blumen empfand.

> Es freut mich, wenn jemand, und vor allem ein Kind, sich mit Blumen befaßt und selbst einen Garten haben möchte … denn die Liebe zur Gartenarbeit ist ein Same, der, einmal gesät, niemals stirbt, sondern unaufhaltsam zu einem immer stärker empfundenen und nie versiegenden Quell des Glücks reift.

Wieder andere führen ihre Leidenschaft für Gärten auf die ihnen zuteil gewordene Allgemeinbildung zurück, die ihnen die Malerei, Bildhauerei

Eine zauberhafte Ansicht des abgesenkten Gartens
von Kiftsgate Court.

und Architektur nahegebracht hat, so daß sie nun den Garten als größte Herausforderung ihrer künstlerischen Phantasie ansehen.

Wie so oft gibt es auch hier keine eindeutige Antwort darauf, wie eine Leidenschaft entsteht. Vermutlich sind die Gründe dafür ebenso zahlreich wie die Gärtner und Gärtnerinnen. Aber man kann Tendenzen erkennen, Inspirationsmuster, Konstellationen. Ein Beispiel hierfür ist Kiftsgate Court, an dem drei Generationen von Frauen kontinuierlich gearbeitet haben.

Kiftsgate Court, auf einem herrlichen Hügel bei Chipping Campden in Gloucestershire gelegen, ist ein viktorianisches Herrenhaus mit vorgesetzter georgianischer Fassade. Die heutigen Besitzer weisen höflich jedes eigene Verdienst von sich und hatten nach eigener Einschätzung einen guten Blick, aber ebenso viel Glück.

Den Grundstein zu dem Garten legte vor gut 70 Jahren Heather Muir. Sie schrieb sehr wenig, auch kaum Briefe, ließ sich ungern photographieren und hütete ihre Intimsphäre, so daß außerhalb ihres engsten Familienkreises kaum etwas über sie bekannt ist. Ihre Töchter beschreiben sie, die der edwardianischen High-Society angehörte, als „nicht unbedingt gesellig ... sich in Ascot zu zeigen, interessierte sie nicht ein Jota". Ihre großen Leidenschaften waren das Reiten und die Jagd. Als sie beides nach einem Unfall 1922 aufgeben mußte, wandte sie sich intensiv dem Garten zu.

Eines der wenigen Bilder von Heather Muir bei der Gartenarbeit in Kiftsgate Court. Damals bestand die Anlage bereits seit drei Jahrzehnten.

Sie war die direkte Nachbarin und eine enge Freundin von Lawrence Johnston, dem Schöpfer des Hidcote Manor Garden, der über seine Gartenaktivitäten genauso strenge Verschwiegenheit bewahrte wie sie. Beide gehörten dem wohlhabenden Kreis von Cotswold an, dessen Tätigkeiten die Gartenhistorikerin Jane Brown dokumentiert hat. Dort beschäftigte man sich mit der Ausgestaltung von Landhäusern und Gärten und führte ein keineswegs langweiliges, aber auch nicht unkonventionelles Leben, wobei Besitz und Landschaft eine zentrale Rolle spielten.

Die Muirs erwarben Kiftsgate Court 1918. Vor dem Portikus befand sich ein kleiner, gepflasterter formaler Garten, darum erstreckten sich Wiesen, und im Süden gab es eine steile, baumbestandene Böschung. Der Ort war vielversprechend, ein Garten im eigentlichen Sinne nicht vorhanden. Johnston kam häufig zu Besuch. Er und Heather Muir diskutierten und experimentierten mit Farbe und Gestaltungsideen drinnen wie draußen. Beide interessierten sich für Avantgarde und Art Nouveau, und Johnston schuf in ihrem Eßzimmer ein Wandgemälde (heute in Hidcote zu besichtigen). Er war lakonisch und kaute stets auf einem Zahnstocher; sie gab sich elegant und förmlich, bemüht – so ihre Tochter –, „was immer sie machte, schön zu machen". Er veranstaltete extravagante Parties mit künstlerischem Anspruch und ließ die kleinen Töchter seiner Nachbarin bei sich umherlaufen. Mr. Muir, 20 Jahre älter als seine Frau, war sehr ruhig, gelassen und geistreich. Er interessierte sich nicht für Gartenarbeit. Manchmal wurde er „losgeschickt", um die Brennesseln im Wald zu jäten, bei der Restaurierung von Kiftsgate aber spielte er kaum eine Rolle; Heather Muir war die dominierende Persönlichkeit.

Nach und nach verwandelte sie den Garten. Kiftsgate fand erstmals allgemein Beachtung, als der Doyen unter den Gartenkritikern, Graham Stuart Thomas, 1951 im Journal der R.H.S. darüber schrieb. Als er den Garten sah, war vom ursprünglichen Zustand nichts mehr zu erkennen. In seinem Artikel schwelgte Thomas in Superlativen:

> Angesichts dieser Kombination aus natürlicher Schönheit und interessanter Bepflanzung drängt sich der Vergleich mit einem herrlichen Juwel auf. Denn genau das ist er, versehen mit so vielen Facetten, daß er dem Geschmack jedes Besuchers gerecht wird.

RECHTS

Rittersporn und *Rosa* ‚Graham Thomas' in der gelben Rabatte. Die Rose wurde zu Ehren von Graham Thomas gepflanzt, der über die Rabatte schrieb.

UNTEN

Die imposante georgianische Fassade von Kiftsgate Court. Viele empfindliche Gewächse werden an den Hauswänden gezogen oder finden zu ihren Füßen Schutz.

Die Nordfassade des Hauses war von Kletterpflanzen überwachsen: Efeuarten, *Akebia quinata*, *Hydrangea petiolaris*, dazu Schneeball und Magnolie. An der Südfassade beherrschte eine gut acht Meter hohe, hübsch belaubte *Rosa banksiae* ‚Lutea' das Bild, deren Vielzahl kleiner, gefüllter gelber Blüten die Wand aussehen ließ, als sei sie in Sonnenlicht getaucht. Der Garten war erweitert und terrassiert worden. Aus dem ursprünglichen kleinen Garten war ein Parterre geworden, in vier Bereiche unterteilt, die jeweils mit Buchsbaum eingefaßt und mit Päonien, Lavendel und selteneren Arten naturnah bepflanzt waren. In der Mitte stand eine Sonnenuhr. Unterhalb des Parterres verlief ein langer Grasweg mit phantastischen, zweieinhalb Meter breiten Blumenrabatten. Graham Stuart Thomas war von der Gestaltung begeistert:

> ... die schönste und farblich gelungenste Arbeit, auch gut gepflegt und von gärtnerischem Interesse zeugend, wie es mir bisher nicht zu sehen vergönnt war ... eine große Vielfalt von Pflanzenformen und dennoch eine Mischung von sanfter Schönheit.

Am Ende der breiten Rabatte gelangte man über Stufen zu einer zweiten langen Rabatte. Diese hatte viel dunklere Farben, das Laubwerk war stärker betont. Während Thomas erstere als „Boudoir in Grau-, Rosa- und Mauvetönen" schilderte, wirkte letztere „mehr maskulin ... sie hat auch eine östliche Pracht und eine Pflanzenfülle ungewöhnlichster Art." Daneben gab es eine dritte, gut 21 Meter lange Rabatte, auf der einzig die alte Rosa *mundi* wuchs. „Mit ihren rosa- und karminroten, leuchtend-bizarren Streifen boten diese buchstäblich Tausende von Blüten einen seltenen Anblick."

Der waldige Abhang war teilweise terrassiert und mit seltenen Sträuchern bepflanzt worden, durch deren Laubwerk man atemberaubende Ausblicke hatte. Auf der dritten Hausseite schließlich erstreckte sich unterhalb einer Veranda ein tiefliegender weißer Garten, der rückseitig von einer Skimmienhecke begrenzt war. „Sie war ein kreatives Genie", wie eine ihrer Töchter anmerkt.

Beide Töchter Heather Muirs wurden zu Hause von einer Gouvernante erzogen, an deren Zeichentalent und Kenntnis von Wildblumen sie sich gern erinnern. „Hätte sie die Möglichkeit gehabt voranzukommen, wäre sie eine Spitzenpolitikerin geworden oder hätte sonstwie Karriere gemacht. Aber damals konnte man nur Gouvernante werden." Die Mädchen waren begeisterte Reiterinnen, in den Garten aber zog es sie nicht. Sie wußten um das Interesse ihrer Mutter, die sie manchmal um kleine Gefälligkeiten bat, ohne jedoch Druck auszuüben: „Könntest du dieses Unkraut für mich rupfen? ... Halte doch eine Minute diesen Zweig ..." Heather Muir zog unproblematische Pflanzen vor, die nicht aufgebunden, beschnitten oder gesprengt werden mußten. Graham Stuart Thomas gegenüber ließ sie einmal eine spitze Bemerkung fallen, die in der Familie zu einem geflügelten Wort wurde: „Sie werden vielleicht ein guter Gärtner, wenn Sie lernen, Ihre Gartenschere zu Hause zu lassen." Zu den Erinnerungen der Töchter gehören auch die Bestellungen von Pflanzen und die Pakete, die von Veitch und Bunyard, damals die berühmtesten Züchter, kamen.

Beide Töchter zogen nach London. Diany Binny kehrte 1954 mit ihren eigenen beiden Töchtern nach Kiftsgate zurück und lebte eine Zeitlang zusammen mit ihrer Mutter. Am Haus wurden größere Veränderungen vorgenommen, und ein Flügel mußte einem neuen, kiesbedeckten Vorhof weichen. Die zweite Tochter, die alleinstehende Miss Muir, zog in ein Haus im Nachbardorf. In den ersten fünf Jahren nach dem Tod ihrer Mutter rührte Diany im Garten kaum etwas an.

> Fünf Jahre habe ich nichts verändert, und natürlich verwahrloste der Garten ... Ich meine, man muß immer wieder etwas daran tun, und ich traute mich da nicht ran. Ich hatte stets das Gefühl, meine Mutter sähe mir über die Schulter und sagte: „Ich glaube nicht, daß mir das gefallen würde."

Sie lernte durch Erfahrung und gewann Selbstvertrauen. Die Lektüre von Gartenbüchern lehnte sie ab.

> Es gibt nichts Schlimmeres als Gartenbücher ... ich lese sie nie, weil ich nicht mit ihnen einverstanden bin ... Ich halte es nicht für gut, auf jeden zu hören ... von jedem nimmt man etwas an, und das funktioniert nicht. Ich denke eher, man muß eigene Ideen haben, ähnlich wie beim Malen.

Die erste Neuerung war der halbrunde Swimmingpool unten am Hang, der zugleich ein Zierteich war. Dann wurden zwei Statuen in Auftrag gegeben, deren eine man unter einem beschnittenen Ebereschenbogen am Ende des Rosenweges aufstellte. Im weißen Garten gibt es heute einen kleinen Teich mit einem Springbrunnen, ein paar neue Farben kamen hinzu und neue Sträucher. Manche der älteren Sträucher wuchsen unerwartet stark. So hatte eine als *Rosa moschata* erworbene Rose einen Durchmesser von gut 24 x 27 Metern erreicht und die Rotbuche, die sie umrankte, beinahe erstickt. Sie wurde als neuartige Variante identifiziert und von Graham Stuart Thomas, inzwischen ein Freund und häufiger Gast des Hauses, in *Rosa filipes* ‚Kiftsgate' umgetauft. (Diese Pflanze, deren Wuchsfreude beinahe schon Science-fiction-Qualitäten hat, ist heute eine der bekanntesten Kletterrosen und allgemein erhältlich.) Bei allen Veränderungen blieb die Grundstruktur gewahrt. Die Erhaltung des Gartens war zwar problematisch, aber viel einfacher als ein Neuanfang.

Heather Muir hatte ein Team von Gärtnern zur Verfügung gehabt. In den siebziger Jahren wurden die Arbeitskräfte knapper und teurer, und so mußte Diany Binny trotz ihrer beiden Vollzeitkräfte im Garten selbst mit Hand anlegen. Außerdem half ihre Schwester beim Unkrautjäten. Freimütig spricht Diany Binny, behost und mit robustem Schuhwerk und Kopftuch angetan, über den Pflanzenverkauf. Der Garten war im Rahmen des National Gardens Scheme schon ab und an geöffnet worden, bis man sich schließlich dazu durchrang, ein Geschäft daraus zu machen.

> Ich weiß nicht mehr, was wir verlangten, ich glaube, einen Shilling und Sixpence ... Und wir verkauften die scheußlichsten Pflanzen ... und dann wuchs das Geschäft, weil die Leute kommen wollten, und da meinten wir wohl, wir könnten das etwas ausweiten ... und irgendwie wurde beschlossen, mehr Pflanzen zu verkaufen und bessere anzubieten ... heute bestreiten wir damit im wesentlichen den Unterhalt des Gartens.

Diany Binnys Tochter, Anne Chambers, arbeitete inzwischen ebenfalls mit. Wie zuvor ihre Mutter hatte auch sie sich ursprünglich ganz bewußt von der Arbeit im Garten distanziert.

LINKS
Anne Chambers und Diany Binny besprechen Maßnahmen im Garten.

RECHTS
Der schöne, von *Rosa gallica* gesäumte Weg endet in einem von Eberesche umrankten Bogen mit einer modernen Plastik.

UNTEN
Die gelbe Rabatte aus einer anderen Perspektive. Laubwerk beherrscht das Bild, blauer Rittersporn sowie gelbe und orangefarbene Blüten, etwa von Taglilien, setzen die Akzente.

> Ich freute mich am Garten, und wir gingen oft umher, und meine Mutter sagte mir die Namen von diesem und jenem, die wahrscheinlich unbewußt hängenblieben, aber ich wollte nicht Gärtnerin werden ... In London gab es für mich vieles andere zu leben und zu tun ... es ist so eine Art Hobby für die mittleren Jahre ... und ich habe überhaupt keine Ausbildung, außer daß meine Mutter mich anleitete und mir sagte, was zu tun war ... Glücklicherweise wurde mir der Garten nicht aufgedrängt. So wuchs ich hinein und wollte zurückkommen und hier leben.

Anne Chambers kehrte mit ihrem Mann und drei kleinen Kindern zurück und betätigte sich neben ihrer Mutter als Gärtnerin. Ihr Ehemann Johnny, anfangs nur Zuschauer, wurde allmählich miteinbezogen, indem er zunächst per Computer Bestandslisten erstellte und dann mit der Pflanzenvermehrung begann. Er bewundert die Innigkeit zwischen Anne und Diany und die Art, wie sie die Aufgaben untereinander aufteilen.

> Diany ist die große Planerin und sorgt dafür, daß wir auf dem Teppich bleiben ... ansonsten aber wird alles fein ausgehandelt ... die beiden achten genauestens darauf, was sie einander zugestehen. Versucht Anne, etwas zu pflanzen, das Diany nicht möchte, gibt es den ärgsten Streit!

Wieder einmal verändert sich der Garten. Die steile Böschung braucht eine neue Bepflanzung, und die alten Holzschwellen, die die Hangterrassen stützen, müssen nach und nach ersetzt werden – eine teuflische Arbeit. Diany, die sich nicht mehr so viel zumuten will, kümmert sich um den oberen Bereich, während Anne und ihr Mann die Arbeit am Hang erledigen.

Seit vielen Jahren verbringt Diany ihren Urlaub mit ihrer Schwester, die in der Nähe wohnt und deren Garten geschickt und mit großem Gefühl für Farben gestaltet ist, wie es der Familientradition entspricht. „Ich mußte einfach immer in der Erde wühlen ... So richtig begonnen habe ich 1971 mit nur einem Feld.“ Zusammen mit ihrer Schwester bestellt sie Pflanzen und besucht Gärten, und sie machen untereinander Tauschgeschäfte. Eine Zeitlang, bis zu ihrer Ermordung, begleitete Hilda Murrell sie auf ihren zahlreichen Reisen. Die bekannte Pflanzenzüchterin hatte sich damals schon aus dem Geschäft zurückgezogen und haßte inzwischen die Rosen, die sie berühmt gemacht hatten. Miss Muir, deren kleinen Garten man ebenfalls besichtigen kann, hält die Gartenliebhaber für gebildete und achtbare Menschen.

> Gartenliebhaber sind im allgemeinen durchaus intelligent, kaufen nicht wahllos, kennen die Namen ... Kritik ist nicht angebracht, die meisten Gärten haben irgendwo etwas Interessantes.

Burghfield Rectory in Berkshire, der Garten von Esther Merton und ihrem Mann, zieht ebenfalls Scharen von Besuchern an. Wie viele der Frauen in diesem Buch begann auch Esther Merton erst spät mit dem Gärtnern.

> Hat man einmal die Vierzig überschritten, Hunderte von Kindern bekommen, einige Ehen und all das andere hinter sich, denkt man plötzlich: das kann doch nicht alles gewesen sein. Dann kommst du mit der Erde in Berührung ... Meine Tochter sagte früher immer: „Alles, was wir von dir zu sehen bekommen, ist dein Hintern, der aus einem Beet ragt. Wie langweilig." Heute macht sie das gleiche.

Trotz gesundheitlicher Probleme und Unterbrechungen hat Esther Merton seit dieser ersten Erkenntnis wie eine Besessene kontinuierlich an ihrem Garten gearbeitet und, um ihren Wissensstand zu erweitern, viel gelesen. Ihr Vorbild war Margery Fish.

> Ich liebte Mrs. Fish, ich bewunderte sie. Sie schrieb fabelhaft über ihren Garten, und ich liebte es, denn die ganze Zeit machte sie Fehler und schrieb in ihren Büchern immer wieder Falsches, und es war schön festzustellen, daß sie Fehler machte, daß man selbst nicht der einzige hoffnungslose Fall war.

Zwischen Eibenhecken legte sie zwei 55 Meter lange Staudenrabatten an. Hinter einer der Hecken befindet sich ein kleiner Swimming-pool. Auf der Schattenseite des Hauses wachsen weiße und grüne Pflanzen, Christrosen, grüner Tabak, Seidelbast und Hortensien. Auf der Terrasse quellen große Urnen und Töpfe geradezu über von Blumen in außergewöhnlichen Kombinationen, eine Spezialität der früheren Gärtnerin dieses Anwesens.

UNTEN
Lilien auf der Terrasse.

Esther Merton auf der Terrasse von Burghfield Rectory.

Esther Merton ist viel gereist und hat viele ihrer Pflanzen aus dem Ausland mitgebracht. Von einer Gartenbesichtigungstour in China stammt ein goldgelb blühender Blasenbaum, *Koelrueteria paniculata*, die *Magnolia-grandiflora*-Hybride ist eine Züchtung der legendären normannischen Prinzessin Sturzda, und eine *Buddleia farreri* ist der Ableger einer Pflanze auf dem buddhistischen Wallfahrtsberg Omi.

> Ich habe ein starkes Gespür für die Ausstrahlung von Häusern und Orten, und in dem Augenblick, als ich dieses Haus sah, wußte ich, daß es ein wunderbarer Ort ist, an dem alte Pfarrer mit ihren Frauen zufrieden gelebt haben. Wahrscheinlich waren sie wie Hund und Katz, aber ich stelle mir gern vor, daß sie alle glücklich miteinander waren, und eine schöne, glückliche Atmosphäre herrschte, die sich für mich bis heute erhalten hat.

Jetzt gibt sie ihr gärtnerisches Wissen an ihre Enkel weiter, mit denen sie viel Zeit verbringt. Die fünfjährige Daisy hat sie dazu animiert, ein eigenes Gärtchen anzulegen.

Unfreundliches Wetter kann Irene Feesey und ihre Tochter Rosy Boase nicht von der Gartenarbeit abhalten.

Rosy Boase und ihre Mutter Irene Feesey sind ebenfalls ein unzertrennliches Gespann. Rosy ist Grundschullehrerin in Northamptonshire und bewohnt mit ihrem Mann und vier Kindern ein ehemaliges georgianisches Herrenhaus mit großem Garten. Ihre Mutter lebt in Chelmsford, Essex, wo sie seit den vierziger Jahren ihren kleinen Vorstadtgarten hegt. Beide Gärten haben zahlreiche herrliche und auch seltene Gewächse zu bieten, die die Frauen seit vielen Jahren untereinander austauschen.

Irene Feesey, inzwischen 80, aber noch immer rüstig, erinnert sich an die Faszination, die sie als Fünfjährige für Buschwindröschen und Jungfern im

Grünen empfand: „Mein Leben lang habe ich Blumen geliebt.“ Sie besuchte die Kunstakademie, war im Krieg Krankenschwester und heiratete dann. Als Hausfrau las sie sich ein umfassendes Gartenwissen an.

> Ich liebte die alten Gartenbücher, die frühen Autoren wie E. A. Bowles, Gertrude Jekyll und Frances Hope begeisterten mich ... Da ich es mir nicht leisten konnte, sie zu kaufen, schrieb ich ganze Abschnitte ab – ich füllte 24 Hefte.

Ihr Ehemann gestaltete den Garten nach formalen Gesichtspunkten, und die Kinder „durften nicht über die Einfassungen“. Sie besichtigte selten Gärten, nur einmal im Jahr fuhr sie mit ihrem Mann nach Wales, wo sie Bodnant Garden und andere Anlagen in der Nähe besuchten. Irene erinnert sich an die Magnolien und Kamelien und vor allem an einen immergrünen, im Sommer blühenden Baum der südlichen Hemisphäre, *Eucryphia*. „Ich war so begeistert von den Eucryphien – bis heute sind sie meine Lieblingsbäume geblieben.“

Ihre Fehlschläge hat sie ebenso präsent wie ihre Erfolge. Sie bekam ein Exemplar der schönen, seltenen *Paeonia suffruticosa* ‚Rock's Variety‘ mit großen, weißen Blüten, braun in der Mitte und von betörendem Duft. Es ist eine schwierige Pflanze, und die ihre ging ein. Das war „der größte Verlust von allen ... ich tat mein möglichstes, aber sie starb. Es war eine Schande!“

Heute ist der Garten etwas verwildert. Es gibt keine Einfassungen mehr, manche Pflanzen haben einige ihrer Nachbarn verdrängt.

Trotzdem macht er Eindruck auf die Besucher. Kraftvoll und eigenartig breiten sich die Pflanzen über die Wege aus, verwachsen miteinander. Selbst im Spätherbst hat der Garten Form und farbige Fülle. Im Haus überall Krüge mit Blumen, Bücherstapel und als Blickfang selbstgemachte Dinge, etwa eine grüne, mit Blumen verzierte Papiermachéschale, auf den Regalen zusammengetragene Stücke. Es ist das unverkennbare Zuhause eines Menschen mit Gespür oder, wie Irene von sich selbst bescheiden sagt: „Ich habe wohl einen guten Blick.“

Als ihre Tochter Rosy sieben Jahre alt war, bekam sie ein eigenes Stückchen Garten. Auch zuvor schon waren Blumen Teil ihres Lebens. Ihr Geburtstagskuchen war stets mit einer pink-goldenen Rose geschmückt. Bruder und Schwester zeigten kein Interesse, Rosy aber liebte ihr Gärtchen. Irene war sehr bedacht, sie nicht zu belehren. Rosy kommentiert:

> Hätte sie es getan, wäre ich vielleicht zurückgescheut. Ich hätte mir nichts eintrichtern lassen.

Ihr Interesse hielt während des gesamten Studiums an. Als sie ihren ersten kleinen Garten in Cambridge besaß, half ihre Mutter, den Geißfuß zu jäten, und gab ihr Samen und Ableger. Beim Umzug nach Northamptonshire erbte Rosy die Auffahrt, hinter deren ausgedehnter Buchsbaumhecke kaum etwas wuchs. „*Anemone japonica*, Goldrute, ein paar altersschwache Rauhblattastern – und ein gefüllter weißer Flieder."

Wie früher bei ihrer Mutter geht bei Rosy die Gartenarbeit auf Kosten des Haushalts. Die Kinder geraten manchmal in Vergessenheit. Rosy erinnert sich an „wahnsinnige Auseinandersetzungen" mit ihren Geschwistern, während ihre Mutter selig gärtnerte. Für Hausarbeit haben beide nichts übrig. Irene erledigt sie nur, wenn Leute kommen, und Rosy überhaupt nicht. Die Zustände sind fast schon katastrophal: Waschbecken laufen über, und das Essen brennt an. Rosy erzählt:

> Ich trage Zeituhren um den Hals oder in der Tasche, um das Essen im Ofen nicht zu vergessen. Aber dann lege ich meine Jacke ab und vertiefe mich in die Arbeit und höre sie nicht. Eine Zeitlang war mein Komposthaufen voll von verbranntem Brot.

Ihre Söhne sind ihrer Meinung nach nicht am Garten interessiert, Tochter Mary aber ist immer in ihrer Nähe und sieht zu.

Wer sich wann für das Gärtnern begeistert, läßt sich nicht vorhersehen. Auch diese Leidenschaft entzieht sich, wie die meisten, dem Willen. Ergreift sie aber von jemandem Besitz, ist es schöner, wenn sie gemeinsam erlebt wird. Geschieht dies über eine lange Zeit, über Generationen hinweg, dann mehren sich Vertrautheit und Vergnügen, und die üblicherweise enge Beziehung zwischen Mutter und Tochter gewinnt eine neue Dimension. Die hier vorkommenden Mütter, Töchter und Enkelinnen mögen ihre Meinungsverschiedenheiten und schlechten Zeiten haben, über ihre Gärten aber finden sie immer wieder zueinander.

KAPITEL 5

ZURÜCK ZUR NATUR

John Parkinson, Gartenexperte des 17. Jahrhunderts, äußerte sich lobend über eine gewisse Mrs. Thomasin Tunstall, die die Wälder durchstreift und ihm ein gefülltes Schaumkraut und einen Frauenschuh hatte zukommen lassen. Auch andere Männer und Frauen, so meinte er, sollten ihre Augen nach derlei Raritäten offenhalten. „In der Tat liegt vieles verborgen ...", schrieb er. Für ihn und seine Zeitgenossen war die Natur eine Quelle von Reichtümern, unerforscht in ihrer Großzügigkeit, die erschlossen und genutzt werden wollte. Die Natur zu zähmen, ihr neue, schöne und zugleich nützliche Pflanzen abzugewinnen, das machte in seinen Augen den Sinn des Gärtnerns aus.

Wildkräuter und -blumen boten vielseitige Verwendungsmöglichkeiten in Küche und Heilkunst – mit Knoblauch, Veilchen und Mutterkraut, Schierling und Eisenhut ließen sich Speisen würzen und garnieren, Arzneien und Gifte bereiten. Von einer guten Hausfrau wurde erwartet, daß sie diese in der Natur vorkommenden gewöhnlichen Pflanzen kannte und wußte, wie man sie sammelt und gebraucht. Jedes Herrenhaus hatte einen Destillierraum, aber auch die einfachere Bevölkerung in ihren Cottages wußte meist mit Kräutern umzugehen.

Bei den Landfrauen mag dieses vertrauensvolle Wissen um die Schätze der Natur weitergelebt haben, bei den Wohlhabenden aber, die bald kultiviertes Obst und Gemüse vorzogen, geriet es in Vergessenheit. Ende des 18. Jahrhunderts wurde die Natur wiederentdeckt, diesmal jedoch unter

Geißblatt und Storchschnabel in natürlichem Miteinander
in Kiftsgate Court, Gloucestershire.

botanischen Aspekten. Die Klassifizierung der britischen Flora war in vornehmen Kreisen ein beliebtes Hobby, und einige der Frauen betrieben es so ernsthaft, wie ihr gesellschaftlicher Stand es nur zuließ. Sie beteiligten sich an lokalen Pflanzenzählungen und sammelten Flechten, Seetang, Farne und Pilze ebenso wie Blumen. So soll Mary Beever aus dem Lake District den Oxford Botanical Gardens Enziane und Farne geliefert haben; ihre Schwester Susan Beever korrespondierte mit John Ruskin. Miss Harriet Carlyon zeichnete die einheimischen Orchideen auf der Isle of Wight.

Einige dieser Frauen betätigten sich auch als Autorinnen. Die bekannteste von ihnen, Anne Pratt, wurde an anderer Stelle schon erwähnt. Sie verfaßte eine allseits geschätzte Übersicht über die einheimische Pflanzenwelt. Daneben gab es zahlreiche weitere Führer, die oft verschandelt – beziehungsweise, aus damaliger Sicht, auch aufgewertet – wurden durch sentimentale oder moralische Betrachtungen über die Beziehung zwischen der Frau und der unbefleckten Natur. William Fitch, der in Kew botanische Darstellungen anfertigte, war außerhalb von Fachkreisen als Illustrator eines Buches über einheimische britische Blumen bekannt. Es war ein Handbuch für junge Damen, die die Blumen in der Natur suchten und seine Abbildungen kolorierten.

Die Natur galt als rein und unschuldig und die oberflächliche Beschäftigung mit ihr als schickliches Hobby für junge Frauen. Die Reinheit der Natur stand zudem im Gegensatz zur zunehmenden Verschmutzung in den Städten. Das Studium der Wildflora schaffte einen Ausgleich zu Schmutz und Elend der neuen Industrielandschaften.

> Mit dem enormen Bevölkerungszuwachs in unseren Städten ist auch eine wahrhaftigere Wertschätzung der freien Natur und all ihrer Schönheiten eingekehrt; und es ist zu hoffen, daß dieses Werk denjenigen nutzen möge, die sich so in die Arme ihrer Mutter zurückstehlen,

schrieb Edward Step 1895 in *Wayside and Woodland Blossoms*, einer „klaren Beschreibung von 394 Arten" für Nicht-Botaniker.

Die viktorianischen Gärten waren höchst stilisiert und reich verziert und boten für unordentliche Natur nicht viel Raum. William Robinson aber behauptete in seinem erstmals 1870 erschienenen Buch *The Wild Garden*, auch im formalen viktorianischen Garten sei Platz für Natur und wilde Pflanzen. Dabei sah er jedoch jede mehrjährige oder sich selbst aussamende Pflanze, die sich in britischen Gärten akklimatisieren konnte, ungeachtet ihrer eigentlichen Herkunft als „natürlich“ an. Er wünschte sich weniger gezirkelte und zwanglosere Gärten und bat seine Leser, mit ihm „die Totenglocke für den Zuckerbäckergarten“ zu läuten, als den er die typische viktorianische Anlage apostrophierte.

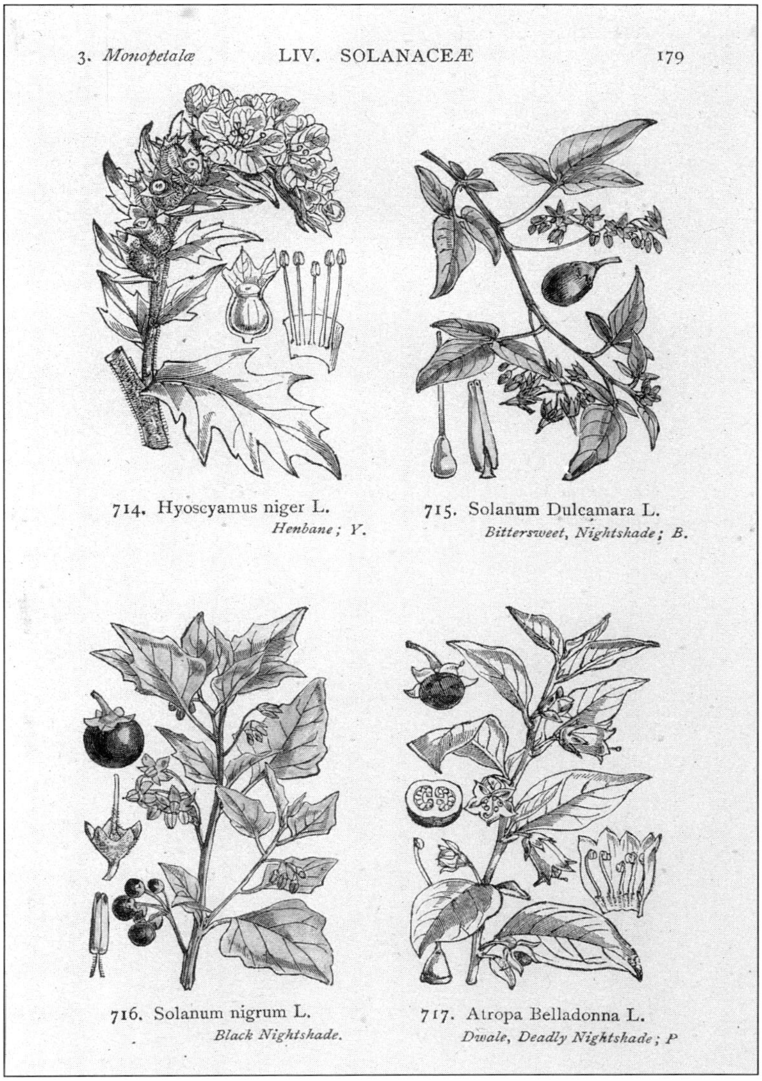

Illustrationen des botanischen Zeichners Walter Hood aus einem Buch über die britische Pflanzenwelt. Bücher wie dieses dienten Generationen junger Damen als Nachschlagewerke und Malbücher.

OBEN

William Robinson, Garten-Guru des spätviktorianischen Englands, haßte die für seine Zeit typischen Blumenbeete. Er bevorzugte Stauden und einheimische Blumen gegenüber den in Glashäusern gezogenen halb winterharten Einjährigen.

LINKS

Eine Zeitgenossin von William Robinson, Beatrice Parsons, malte dieses Bild seines wilden Gartens. Er war makellos gepflegt, denn ‚wild' bedeutete keineswegs ‚vernachlässigt'.

Zwei seiner Zeitgenossinnen, Gertrude Jekyll und Mrs. Earle, plädierten ebenfalls dafür, in großen Gärten naturnahe und waldige Pflanzungen vorzusehen. Gertrude Jekyll präzisierte diese Vorstellungen in ihrem gestelzten, überschwenglichen Stil:

> Das Anlegen wilder Gärten auf Gelände mit unebenem Grund oder in Waldbereichen, die womöglich an den Garten angrenzen, macht sich, sofern mit Zurückhaltung und äußerstem Bedacht praktiziert, durch wahres Vergnügen an den herrlichen Effekten reichlich bezahlt.

Sie alle meinten, es sei gut, die Natur nachzuahmen, und sie ließe sich behutsam als Kulisse in einen künstlerischen und gepflegten Garten integrieren.

Wie Jan Marsh in ihrem Buch *Back to the Land* (1982) aufzeigt, war die Einstellung zur freien Natur ambivalent. Das Landleben galt als rückständig, wenn nicht gar verachtenswert. Es waren einige der Wegbereiter sozialistischer Gedanken wie William Morris und Edward Carpenter, die auf die Bedeutung bestimmter Aspekte ländlichen Lebens und des Einklangs mit der Natur verwiesen und es ablehnten, die Natur zu sentimentalisieren und Teile von ihr der kulturellen Effekthascherei wegen zu entlehnen.

Die beiden Weltkriege veränderten unsere Sicht erneut. Diesmal ging es um die Bedeutung der Landschaft als Nahrungslieferant. Das britische Gesundheitsministerium begann mit der systematischen Erforschung der Heilwirkung einheimischer und kultivierter Kräuter, und die National Federation of Women's Institutes wurde gebeten, sich mit ihren 6000 Niederlassungen an der Abfassung eines Kompendiums über das Vorkommen und die Verwendungsmöglichkeiten der Pflanzen in freier Natur zu beteiligen. Holunderlikör, Hagebuttensirup, Heckenfruchtmarmelade, Brennesselsuppe, Löwenzahnkaffee und Pfefferminztee, ja selbst Schlehenschnaps tauchten nun wieder in den Rezeptbüchern auf.

Als die Notzeiten vorbei waren, machte Elizabeth David uns die Gaumenfreuden Frankreichs und Italiens schmackhaft. Vegetarisches Essen und Hausmittel waren nicht nur unmodern, sondern eine Sache von Spinnern und Aussteigern. Dem Naturschutz wurde durch strengere Planungsvorschriften für die Grüngürtel um die Städte und weitere Gesetzesinitiativen Rechnung getragen. Man diskutierte Maßnahmen zur Reinhaltung der

Städte und zum Schutz ihrer landschaftlichen Umgebung. Wir hörten auf, uns um die Natur zu sorgen.

Tatsächlich aber schädigten wir unsere natürliche Umgebung stärker als je zuvor, nunmehr durch moderne Landwirtschaftsmethoden. Subventionen schufen den Anreiz, auch die Randbereiche in Ackerflächen zu verwandeln – Hecken, Waldungen, Sümpfe, Heide- und Hügelland wurden umgepflügt. Der natürliche Lebensraum von Tieren und Pflanzen schwand in alarmierendem Maße. Die intensive Viehhaltung für die Fleisch- und Milchproduktion verlangte nach erhöhter Futtermittelerzeugung: Traditionelle Weideflächen wurden zu intensiv bewirtschaftetem Agrarland. Durch die zunehmende Verwendung stickstoffhaltiger Dünger und Herbizide wurden die Flüsse vergiftet. Die erhöhte Produktivität der Landwirtschaft ging sehr zu Lasten der Natur. 1984 berichtete der Nature Conservancy Council:

> Auf 95 Prozent der Grasflächen und Heuwiesen im Flachland wächst keine nennenswerte Fauna mehr, und nur drei Prozent sind durch den landwirtschaftlichen Fortschritt nicht beeinträchtigt.

Die Natur kann nicht länger als Hort unerschöpflicher Reserven, die einheimische Flora nicht mehr als gottgegeben gesehen werden. Jetzt gilt es, das, was uns geblieben ist, zu bewahren, den vernachlässigten Teil unseres Erbes zu pflegen und zu regenerieren. Der leidenschaftliche Einsatz für Umweltschutz, biologischen Landbau, urbane Natur und grüne Themen prägen die heutige Gartenszene mit.

Eine der bekanntesten und eloquentesten Sprecherinnen für naturnahes Gärtnern ist Miriam Rothschild. Ihre Geschichte wirft ein Schlaglicht auf den allgemeinen Sinneswandel.

> Ich gärtnere aus reinem Vergnügen. Ich liebe Pflanzen und Blumen und grüne Blätter, und ich bin eine unverbesserliche Romantikerin – mit der Sehnsucht nach zahllosen kleinen Sternen im Gras.

So Miriam Rothschild in *The Butterfly Gardener*, einem Buch über ihren Garten in Ashton Wold in Northamptonshire. Über sie kann man endlos erzählen, über ihre fundierten, umfassenden wissenschaftlichen und empirischen Kenntnisse von Pflanzen und wildlebenden Tieren.

Sie wurde 1908 als Enkelin von Nathaniel Rothschild geboren, der als Bankier und Finanzberater mehrerer Regierungen der viktorianischen und edwardianischen Zeit legendären Ruhm erwarb. In seinem Haus in Tring, Hertfordshire, verbrachte sie einen Teil ihrer Kindheit. Ihr Onkel Walter, ein weltbekannter und brillanter Naturforscher, lebte ebenfalls dort. Er war

Miriam Rothschilds Haus in Ashton Wold verschwindet beinahe hinter den Kletterpflanzen. Die dichte, natürliche Bepflanzung verleitet manche Besucher zu der Annahme, das Haus sei nicht mehr bewohnt.

höchst exzentrisch, groß, übergewichtig und wortkarg. Der eifrige Sammler trug Hunderttausende von Vögeln, Säugetieren und Insekten zusammen, die er, in der Mehrzahl präpariert, mitunter aber auch springlebendig, in dem von ihm gegründeten Tring-Museum beziehungsweise dem zugehörigen Park versammelte.

Ihr Vater Charles Rothschild war ebenfalls Naturforscher, wenn auch nicht so flamboyant wie sein Bruder. Er spezialisierte sich auf Flöhe, entdeckte dabei den Hauptüberträger der Beulenpest und gab diese Passion an Miriam Rothschild weiter. Sie ist eine weltweit anerkannte Kapazität auf diesem Gebiet. Gewiß geraten nicht viele über die flohspezifischen Leistungen ins Schwärmen, aber wenn man ihren Ausführungen über Katzenflöhe und deren phänomenales Springvermögen lauscht und ihre akribischen Messungen der Weite und Häufigkeit von Flohhopsern bestaunt, zieht man schon den Hut vor der Kleinsttierforschung.

Charles Rothschild erkannte als einer der ersten die Notwendigkeit, Habitate zu bewahren, anstatt sich auf den Erhalt der seltenen Arten zu konzentrieren. 1912 gründete er die Society for the Promotion of Nature Reserves, die eine Liste potentieller Naturschutzgebiete zusammenstellte.

Miriam Rothschilds Erbe war in jeder Hinsicht bemerkenswert. Sie war erfüllt von Ideen über Naturschutz, die sich in ihr nach eigener Aussage zu „einer Mischung aus Wissenschaft, Neugier und emotionaler Verstrickung“ verdichteten. Außerdem erbte sie von ihrem Vater Ashton Wold, das den Familiensitz, eine große Farm, ein edwardianisches Musterdorf mit Strohdächern und ein naturgeschütztes Waldgebiet umfaßte.

Zu Lebzeiten ihres Vaters pflegten 14 Gärtner die weitläufigen Anlagen mit Stauden- und Rosenbeeten, einer Irissammlung, ummauerten Küchen- und Obstgärten und Gewächshäusern, in denen er Orchideen, Kakteen, Kriechpflanzen und blaue Seerosen vom ostafrikanischen Viktoriasee.

Nach dem Tod ihres Vaters 1923 wurden die botanisch interessanten Sammlungen aufgelöst. Ihre Mutter pflegte den Garten weiter. Besonders mochte sie ihre Auffahrt mit den Teerosenhybriden und Veilchen.

Inzwischen führte Miriam Rothschild ihr eigenes Leben. Obwohl sie keine entsprechende Qualifikation besaß, arbeitete sie als Meeresbiologin und untersuchte Fadenwürmer an den Marine Biological Laboratories in Plymouth und Neapel. Bei den deutschen Luftangriffen auf London wurden die Laboratorien getroffen, was den Forschungen ein Ende setzte. Dann starb ihre Mutter. Sie kehrte nach Ashton Wold zurück, um sich um die Farm und die Gärten zu kümmern, machte einen Abschluß als Molkereifachfrau, wurde Luftschutzwartin und heiratete.

Auch der Gärtner ihrer Mutter, Charles Wright, war inzwischen gestorben. Sein Nachfolger John Stanton war ein hervorragender Pflanzenexperte und nahm mit Vergnügen an Gartenschauen und -ausstellungen teil. Während des Krieges aber waren Blumenbeete und Staudenrabatten verkommen, Steingartengewächse und Wasserpflanzen ins Kraut geschossen oder mangels Pflege eingegangen. Miriam Rothschild pflanzte Wildkirschen und im Gras Zwiebeln. Der Wassergarten wurde den Seerosen überlassen.

Sie zog nach Oxford und kam nur am Wochenende nach Ashton. Erst 1970, damals im sechsten Lebensjahrzehnt, kehrte sie endgültig zurück. Ihr Sohn baute das Haus wieder auf, trug das Obergeschoß ab und legte das Dach tiefer. Aus einem feudalen Sitz wurde ein Herrenhaus. Damals erwog sie erstmals eine Umgestaltung des Gartens.

Inzwischen hatte sie weniger Personal, und die Gewächshäuser wurden baufällig. Sie konnte den Garten so, wie er in seiner Glanzzeit war, nicht erhalten. Auch ihre Sicht des Gartens hatte sich geändert.

> Ich hatte immer eine Leidenschaft für Wildblumen. Mit vier Jahren bereitete es mir die größte Freude, weiße Veilchen in den Gräben und Hecken zu finden ... Dann entwickelte ich eine Vorliebe für Zuchtblumen, und als Teenager waren Cattleyen für mich die wundervollsten Blumen der Welt. Ich zog gern extravagante Blumen.

Miriam Rothschild war entsetzt über die Veränderungen in der Umgebung von Ashton, über das Verschwinden der einheimischen Flora von den Feldern und Straßenrändern. Sie beschloß, sich auf Wildblumen zu konzentrieren und das Interesse am Naturschutz zu fördern.

Nachdem ihr Sohn das Haus in Ashton verkleinert hatte, bepflanzte sie sogleich die neu entstandenen Flächen ringsum. Vor das Haus, von wo man den gesamten Garten überblickt, setzte sie eine Mischung aus wilden und gezüchteten Kletterern – Efeuarten und Wilden Wein, Wildrosen und Kletterrosen, Geißblatt, die einheimische *Clematis vitalba* – sowie Goldregen, Pflaumen und Quitten und eine weiße Buddleja, die viereinhalb Meter hoch wuchs, so daß sie von ihrem Schlafzimmerfenster aus die Schwärme von Schmetterlingen sah, die sich an den Blüten labten. Im Hof nahe dem Hauseingang hat sie Seile gespannt als Stütze für wuchsfreudige Kletterrosen

Miriam Rothschild ist mit ihren Wildblumen hochzufrieden. Ursprünglich befand sich hier ein Tennisplatz. Die Erforschung des Keimverhaltens und der Verbreitungsmechanismen der einheimischen Pflanzen nahm zehn Jahre systematischer Arbeit in Anspruch.

wie *Rosa filipes* ‚Kiftsgate'. Das Haus ist derart überwuchert, daß Besucher sich fragen, ob hinter dem grünen Gewirr wohl Dornröschen schlummert oder ob wirklich jemand dort lebt.

Es genügte Miriam Rothschild nicht, ihre persönliche Vorstellung von Schönheit zu verwirklichen. Sie war auch eine engagierte Naturschützerin. Seit 30 Jahren schon gehörte sie dem Leitungsgremium der Society for the Promotion of Nature Reserves (S.P.N.R.) an. Jetzt aber stellte sie fest, daß sie nichts über das Wachstum von Wildblumen wußte. Zunächst ließ sie auf der 3000 Quadratmeter umfassenden Fläche mit Tennisplätzen und Krocketfeldern das Gras ungestört wachsen, so daß eine kleine Heuwiese entstand. Auf einem aufgelassenen Flugplatz in der Nähe sammelte sie Samen von Wildblumen und säte sie auf diesen Rasen aus. Das Ergebnis war überraschend positiv.

Es folgten systematische wissenschaftliche Experimente mit Wildblumen. Im Gemüsegarten pflanzte sie verschiedene Arten in langen Reihen, als seien es Rettiche oder Erbsen, und sie legte eine Samenbank an. Aus diesen Beständen wurden etliche Sämlinge von Schlüsselblume, Wiesenmargerite, Glockenblume, Veilchen, Wicke und Flockenblume in die Rasenflächen und Grasböschungen gesetzt. Außerdem entwickelte sie eine Mischung aus Kornblume, Kornrade, Gelber Margerite, Mohn und Hundskamille, alles Einjährige, um deren Ausrottung sich die Bauern seit Jahrhunderten bemühten – daher der von ihr geprägte Name „Bauernalptraum".

Der Tennisrasen machte sich gut, denn das Geröllbett war für die gewünschten Wildblumen der ideale Untergrund. Nach zehn Jahren tauchten „wie aus dem Nichts" Wildorchideen auf: Zweiblatt, Glanzkraut, Hundswurz und Knabenkraut. Weitere Pflanzen kamen hinzu, und im 15. Jahr gab es 90 verschiedene blühende Arten und Gräser. Die Schlüsselblumen hatten sich gut vermehrt. Schätzungen zufolge blühten 1991 etwa 10000 Pflanzen – ein goldener Teppich. Das Gesamtbild ändert sich je nach Jahreszeit und herrschendem Mikroklima. Im Juni sind die Schlüsselblumen verschwunden, dafür gibt es dichte Horste des in Großbritannien heimischen mauve-blauen Storchschnabels; an anderen Stellen herrschen die Gelb- und Rottöne der Wicken und Flockenblumen vor. Die ganze Wiese ist von Butterblumen übersät, und zahllose Wiesenmargeriten wiegen sich sanft im Wind. Leuchtendblaue Wegwarte und die Kriechende Hauhechel mit ihren rosa Blüten wachsen Seite an Seite. Überall ragen aus dem Gras die zarten Orchideenrispen auf. Schmetterlinge, Nachtfalter, Bienen und andere Insekten schweben und summen zwischen den Blüten.

Um das Haus gab es weitere Veränderungen. Das Gebäude verschwindet hinter kriechenden und kletternden Gewächsen. Auf den Grasböschungen, die das Haus und den Rasen von den Tennisplätzen trennen, wurden viele Zwiebeln gesetzt: Tulpen, Krokusse, Narzissen und Laucharten. Außerdem gibt es Türkenbundlilien, und Irisblüten in Blau, Weiß und hellem Mauve spitzen durch das Gras. Verschiedene einheimische Bäume – Holzäpfel, Pflaumen und Birnen – trennen die Böschung von der Wiese. Zu ihr führen baldrian- und labkrautbewachsene Steinstufen hinunter. Gleich neben dem Haus verläuft über dessen gesamte Länge ein gerader Kiesweg, gesäumt von einheimischem scharlachrotem Mohn sowie Hundskamille, Kornblumen, Kornrade und anderen Einjährigen des „Bauernalptraums".

Die auf dem Besitz befindlichen Wälder wurden zu Zeiten ihres Vaters angelegt und seither sorgfältig gepflegt. Zwar sind die Ulmen verschwunden, dafür aber gibt es Kastanienalleen, und jedes Jahr werden neue Bäume gesetzt. Seit 100 Jahren bleiben die Vögel unbehelligt, und obwohl sie manchmal den Blüten und Früchten arg zusetzen, sind sie gern gesehen – selbst die Blumen müssen zurückstecken. Miriam Rothschild hört den Vögeln zu und fragt sich, was sie mit ihrem Gezwitscher sagen wollen.

> Ich liebe es, wenn Rotkehlchen bei Regen singen. Ihre Lieder kommen mir vor wie herrliche Wutausbrüche.

Die größte Anerkennung erhielt sie von einem Nachbarn, dem inzwischen verstorbenen Sir David Scott. Er war ein hervorragender Pflanzenexperte, der viele seltene Pflanzen und Sträucher kultivierte oder auch erst einführte. Er besuchte Ashton Wold.

Der Erfolg im Garten ermutigte sie dazu, es mit größeren Heuwiesen zu versuchen, und so machte sie gut 21 Hektar Ackerland zum Experimentierfeld. Sie stellte fest, wie wenig über Bestäubung, Keimung, Wachstum und Verbreitung von Wildblumenpopulationen bekannt war. Es war eine sehr harte Arbeit. Welche Art von Saatbett brauchte man? Welsches Weidelgras?

Ursprünglich beherbergte das Gewächshaus tropische Seerosen, darunter eine riesige *Victoria*-Seerose. Heute unbeheizt und leicht rissig, ist es einheimischen Seerosen überlassen, für Miriam Rothschild mit die schönsten aller Pflanzen.

Brachland? Grasnarbe? Blanke Erde? Ein Stoppelfeld? Wie sollte die Aussaat erfolgen? Breitwürfig von Hand, in Furchen oder mit der Egge? Wie die Samen sammeln? Von Hand? Mit einem Staubsauger? Sollte man die Wiese auf einmal oder in Abschnitten mähen, um sowohl früh- wie spätreifende Samen zu erhalten? War es besser, die Heuwiesen nach der Ernte abweiden zu lassen? Eine Spezies interessierte sie ganz besonders: der Kleine Klappertopf *(Rhinanthus minor)*, ein Halbschmarotzer, der den Graswuchs vermindert, wodurch breitblättrige Blumen sich besser entfalten können. Allerdings ist sein Keimverhalten sehr ungewöhnlich: Die Samen keimen nicht im Frühjahr, sondern im Herbst, und niemand weiß, wie oder warum das geschieht.

All diese Arbeiten unterschieden sich sehr von denen im Garten, zumal sie die Experimente eher unter wissenschaftlichen Aspekten bewertete. Ihre Erfolge bei der Erhaltung der einheimischen Flora wurden weithin anerkannt. Miriam Rothschild erhielt, wie einst ihr Großvater, die Victoria Medal of Honour. Sowohl der National Trust als auch die R.H.S. zeigen inzwischen ein gewisses Interesse an Wildblumen. Und viele Großgrundbesitzer wandeln Teile ihrer Ländereien in Wildblumenreservate um.

Parallel zu ihren Bemühungen um die Vermehrung und Verbreitung von Wildblumen trat Miriam Rothschild öffentlich für ihre Erhaltung ein. Sie schrieb ihr Buch *The Butterfly Gardener*, es gab eine Fernsehsendung mit Ladybird Johnson über Straßenränder in Texas und Großbritannien, und sie nutzte generell ihre Verbindungen und ihren Einfluß in wissenschaftlichen Kreisen und in der Gesellschaft, um Wildblumengärten zu propagieren. Daraus ergaben sich einige – weniger finanziell als ökologisch – wertvolle Aufträge wie die Bepflanzung der Rasenflächen auf dem Stanstead Airport.

Miriam Rothschilds Wildblumenmischung „Bauernalptraum" in Chatsworth.

Ihr neuestes Projekt, die Umwandlung eines aufgelassenen Flugplatzes in einen Wildrosengarten, ist aus dem Wunsch heraus entstanden, eines Tages die englischen Hecken von Wildrosen umrankt zu sehen. Ursprünglich gehörte das Gelände zu ihrem Besitz, wurde im Krieg aber von der Regierung beschlagnahmt und, da es als Bomberstützpunkt diente, mit einem Netz unterirdischer Tunnel für die Raketen versehen. Vier Wildrosensorten haben angefangen, sich durch Selbstaussaat zu verbreiten, so daß die ganze Fläche jetzt von einer zarten Blütendecke in Pink und Weiß überzogen ist. Fingerkraut und andere kleine kriechende Blühpflanzen suchen sich ihren Weg durch die Risse im Beton. Man hört nur den Gesang der Vögel: Nachtigallen nisten hier. Ansonsten herrscht völlige Stille – eine unheimliche Schönheit. Etwa 4000 Ableger werden jeden Herbst gesammelt, im Gemüsegarten eingepflanzt und zu Büschen herangezogen.

Inzwischen ist Miriam Rothschild in den Achtzigern, aber, wie sie selbst sagt, „zäh wie Leder". Ihre Energie und Begeisterung sind ungebremst. Sie ist eine erklärte Exzentrikerin: „Ich habe mich niemals wirklich darum geschert, was andere denken oder sagen. Definiert man so nicht Exzentrik?" Stets ist sie ihren eigenen Weg gegangen und ließ sich ihre Kreativität und ihren Verstand nicht durch die Regeln anderer einengen – zum Wohle der Wissenschaft. Sie ist ein Dickkopf und steht dazu. In der freien Zeit, die ihr verbleibt, sieht sie die Sportberichte des Senders Sky. Schon immer, so sagt sie, war sie süchtig nach Sport. Es ist schwierig, ihrer Originalität und ihrer anregenden Gesellschaft gerecht zu werden. Die Wildblumenkultur hat in ihr eine außerordentliche Meisterin.

Der Naturschutz ist zu einer Massenbewegung geworden. Wie Miriam Rothschild sagt, hat sie sich lediglich zur Fürsprecherin einer bereits bestehenden Bewegung gemacht und ihr praktische Anregungen gegeben. Paradoxerweise ist die Idee, natürliche Lebensräume für wilde Tiere und Pflanzen zu schaffen, in den Städten fast ebenso verbreitet wie auf dem Land. In mancher Hinsicht sind die Städte inzwischen sogar grüner als das unter der Umweltverschmutzung leidende Land. Neben einzelnen, die ihre Gärten ganz oder teilweise zu einer Zuflucht für Wildtiere und -pflanzen machen, gibt es zahlreiche kleine Organisationen, die sich für die Erhaltung natürlicher Habitate in Stadtbereichen engagieren.

Das London Wildlife Garden Centre im Bezirk Southwark entstand aus einem alten Gemeindedepot hinter den Arbeiterreihenhäusern aus dem späten 19. Jahrhundert. Es hat viel Aufsehen erregt und zahlreiche Besucher aus der Gegend angelockt. Die dafür verantwortliche Gruppe legte auf dem Gelände verschiedene Biotope an, unter anderem eine Heuwiese, eine Hecke, einen Teich und sumpfige Bereiche mit Wildblumeneinfassung. Das Zentrum dient auch als Baumschule und der Aufzucht von Wildblumen und verfügt über organische Komposthaufen zu Demonstrationszwecken.

Ziel des Zentrums ist, „möglichst viele, ungeachtet ihres Alters, ihrer Fähigkeiten und Erfahrungen, anzusprechen." Fraglos zieht es Menschen an, die sich für die Gärtnerzirkel im Umfeld der R.H.S. nicht im geringsten interessierten. Der älteste Freiwillige, ein Achtzigjähriger, der häufig auf dem Gelände werkelt, war früher Straßenarbeiter und hier im Depot stationiert. Ältere Leute schauen zwischen ihren Einkäufen vorbei, setzen sich auf eine Bank und bewundern das Geißblatt und die wilden Rosen. Es gibt einen Holzbau mit Grasdach, der als Unterrichtszentrum von Schulen genutzt wird, darunter eine benachbarte Schule für Lernbehinderte.

In vielen unserer Städte gibt es öffentliche Gärten, Naturparks und ähnliches mehr. Sie brechen insofern mit der Gartentradition, als es nicht individuelle Projekte, sondern Gemeinschaftsunternehmungen sind, geleitet nach den Prinzipien der Gleichberechtigung und Zusammenarbeit, für alle frei zugänglich und mit dem Ziel, das Bewußtsein für die Bedeutung natürlicher Lebensräume und ihrer Erhaltung zu schärfen. Die Behauptung, in diesen Stadtgärten seien Anlage, Stil und Schönheit irrelevant, ist wohl ungerecht. Die älteren Herrschaften auf ihrem Einkaufsbummel mögen nicht so wortgewandt sein, und ein Depot inmitten einer Reihenhaussiedlung ist eben räumlich begrenzter als die Landschaft von Northamptonshire; möglicherweise aber empfinden sie genau wie Miriam Rothschild, daß die Schönheit der Natur zu kostbar ist, um sie preiszugeben:

> Wenn der Sommer voranschreitet und Stiele und Blätter sich hellbeige färben, dann erscheint mir der blaßmauvefarbene Storchschnabel, der halb verborgen zwischen den strohgelben, geneigten Gräsern träumt, so unendlich viel schöner als jede Blume in einem sauber gejäteten Beet.

KAPITEL 6

HOHE KUNST

Wozu ist ein Garten da? Für die Begüterten des 17. und 18. Jahrhunderts war er Sinnbild für Reichtum und Macht und ein Beweis dafür, daß die Natur sich durchaus ordnen und neu entwerfen ließ. Den weniger Bemittelten bedeutete er mit seinen diversen Kräutern, Gemüsen und Früchten eine Nahrungsmittelquelle, die das Wohlergehen der gesamten Familie sicherte. In der viktorianischen Ära wurde der Garten schließlich zur Ausstellungsfläche für Exotika.

Mittlerweile ist er zu einem verlängerten Spielzimmer und Hobbyraum mutiert, in dem Kinder planschen, buddeln und Fahrrad fahren, Ball spielen und Golfschläge üben. Er dient auch als Freiluft-Eßzimmer, Grillplatz und „Salon", in dem es sich ungeachtet des Wetters gemütlich sitzen, trinken und reden läßt. Die Pflanzenkulisse für all diese Aktivitäten ist gewöhnlich farbenfroh, pflegeleicht, unempfindlich und möglichst billig – wie Poster, die zur Belebung eines Zimmers mit Heftzwecken an die Wand gehängt wurden. Die Freizeit im Grünen hat Priorität, seltener der Garten.

Soweit die prosaische Einstellung zum Garten. Am anderen Ende der hortikulturellen Skala stehen die Kunstbeflissenen, für die das Gärtnern eine Angelegenheit des „guten Geschmacks" ist und Ausdruck einer Erziehung, die ihnen eine Ahnung von der Lebensart und Gartenglorie früherer Zeiten vermittelt hat. In ihren eigenen Gärten klingen, zumindest entfernt, vergangene Epochen italienischer und französischer Kultur an.

Schnee läßt das Muster des Knotengartens von Barnsley House noch plastischer hervortreten.

Ganz in ihrer Nähe bewegen sich die Couturiers der Gartengestaltung, die ihre Pflanzkübel und Gartenmöbel auf einer Art innenarchitektonischer Spielwiese verrücken, und wie bei der Einrichtung ihres Hauses achten sie auf schickliche Farbabstimmung, ausgefeilte Kompositionen und meist teure Accessoires. Zwischen den Beeten sprießen ihre romantischen Vorstellungen vom Landleben, weitab von der Hektik und den Beschränkungen urbaner Daseinsformen. Ein solches Ideal und Idyll von Garten eignet sich nicht für wilde Spiele. Rasen und Fahrräder sind unvereinbar, Kinder unbefugt.

Eine der bekanntesten Gartendesignerinnen unserer Zeit ist Rosemary Verey. Neun Jahre lang schrieb sie jeden Monat einen Beitrag für die Zeitschrift *Country Life*, und sie verfaßte zahlreiche Gartenbestseller. In vielen Zeitschriften erschienen Features über sie, und 1989 errang sie den Garden of the Year Award der Christie's and Historic Houses Association.

Barnsley House, der Familiensitz ihres Mannes David in Gloucestershire, ist ein in zart getöntem Stein erbautes Herrenhaus aus dem 17. Jahrhundert. Auf den gut eineinhalb Hektar Land, die es umgeben, haben sie und ihr Mann nach und nach einen Garten angelegt. Rosemary Verey hat ihren gärtnerischen Werdegang beschrieben. Sie war zu Hause geblieben, um ihre vier Kinder großzuziehen. „Ein glückliches Landleben mit Ponies, Tennis und so weiter." Während sie ihre Söhne ab dem achten Jahr zur Vorbereitung für die Privatschule und später nach Eton schickte, erzog sie ihre beiden Töchter bis zum elften Lebensjahr zu Hause. Sie zu unterrichten, empfand sie als fruchtbare Tätigkeit, in der ihrer Meinung nach auch ihr Interesse für das Schreiben wurzelt.

> Ich erzähle Menschen gerne über die Gartenarbeit, die damit verbundenen Freuden, die visuellen Dinge. Die Erfahrung [des Unterrichtens meiner Töchter] zwang mich, die richtigen Worte zu finden, und ich habe Freude am Schreiben. Es macht mir Spaß, meine Gefühle und Gedanken auszudrücken … im Garten zu sitzen und zu denken ist einfach schön, und das würde ich gerne vermitteln.

Als ihre Kinder älter wurden, wandte sie ihre Aufmerksamkeit dem Garten zu. Sie besichtigte die Gärten anderer, las alte und zeitgenössische Bücher und machte umfangreiche Notizen.

Im Laufe der Zeit trug sie zahlreiche seltene Werke zusammen. Diese Bücher lieferten ihr Ideen und Anregungen. Beeinflußt wurde sie auch von John Raven, Vita Sackville-West, Russell Page und nicht zuletzt von Nancy Lindsay, die sie oft besuchte und deren Garten sie beeindruckte.

Sie bewunderte die Gartenräume von Sissinghurst und Hidcote, obwohl sie weder zu ihrem Gelände noch zu ihren Ideen paßten.

> Ich dachte, Barnsley mit seiner Umfassungsmauer und dem Haus in der Mitte sollte nicht von Einfriedungen umstellt sein, sondern statt dessen mehrere Bereiche haben, begrenzt von Wegen, die zu weiteren Anlagen führen.

Sie begann vor dem Salon, von dem man über eine Terrasse zu einem von Irischen Säuleneiben flankierten Steinweg gelangt, wo sie Sonnenröschen aussäte. Bei der R.H.S.-Schau 1971 stellte Mrs. Verey erstmals aus. Vier Jahre später wurde der Knotengarten angelegt, dann folgte die Gemüseanlage außerhalb des eigentlichen, ummauerten Gartens. Ihr Ehemann, der als Architekturhistoriker für das Bauministerium Gebäude restaurierte, erhielt die Genehmigung, einen verfallenen Tempel des 18. Jahrhunderts im benachbarten Fairford Park abzutragen und im eigenen Garten wiederaufzubauen. Hier bildet er jetzt den Mittelpunkt des Teichgartens. Die Arbeit im Garten bedeutet für sie Nachdenken: „Besonders wenn man unsicher ist, muß man stehenbleiben und genau hinsehen."

Sie mag Alleen, Durchgänge, Buchsbaumhecken, Muster und Knotengärten. Die Strenge der Form, betont durch sorgfältig plazierte Skulpturen und Gartenmöbel und gemildert durch eine meist in gedämpften Farben gehaltene, hübsche Bepflanzung, prägt ihren Stil. Besonders ihr in Mustern angelegter Gemüsegarten hat Bewunderung und Spott zugleich ausgelöst. Die Bewunderung galt der neuartigen und geschickten Verwendung von Früchten und Gemüse als dekorative Gestaltungselemente. Andere aber mokierten sich darüber, daß die Nutzpflanzen ihrer eigentlichen gastronomischen Bestimmung entfremdet wurden. Dabei versorgt der Garten die Familie und auch andere ganzjährig mit Obst und Gemüse. Es gibt keine Steingartengewächse und nur wenige Rhododendren und Beetpflanzen. Sie beschreibt ihren Stil als modern, als eine Kombination aus naturnahen

Cottage-Gärten und einem strengen Rahmenwerk. Eben dieser so unverkennbare Stil wurde von Gartendesignern oft plagiiert und, wie ein Gartenjournalist schrieb, zum „Look der achtziger Jahre" hochgejubelt.

Formschnitt, Rückschnitt, Jäten und Neubepflanzung nehmen in ihrem Garten viel Zeit in Anspruch. Sie verwendet keine Bodendecker, mag aber auch keinen kahlen Boden. Daher müssen die Pflanzen einander in ständiger Folge ablösen. Eine ihrer ersten und wichtigsten Anschaffungen für den Garten war das Zubehör für die Pflanzenvermehrung, und sie freut sich, daß sie ihre zusätzlich gezogenen Jungpflanzen verkaufen kann. Ihre schriftstellerische Tätigkeit und die Arbeit als Gartengestalterin lassen ihr, die inzwischen in den Siebzigern ist, kaum Zeit, um selbst zur Hacke zu

greifen. Mit ihren zwei Vollzeitgärtnern und verschiedenen Helfern bespricht sie die notwendigen Maßnahmen.

Aus dem Wunsch heraus, einem breiteren Publikum die Entstehung ihres Gartens zu schildern, wurde sie Autorin. Sie schrieb ihren ersten Artikel für den *Countryman* und ging schnurstracks zum Chefredakteur, um ihn zu fragen, ob er ihn nehmen würde. Ihr erstes Buch, *The Englishwoman's Garden*, das sie zusammen mit der Gartendesignerin Alvilda Lees-Milne herausgab, enthielt Porträts einer Reihe von Gartenbesitzerinnen und ihrer Gärten, begleitet von zahlreichen wunderschönen Photos. Es waren die Gärten „von allen, die wir so kannten", hauptsächlich Vertreterinnen des Adels und der Welt des Geldes.

OBEN

Rosemary Verey im Stadtgarten, den sie 1992 für die Chelsea Flower Show entwarf.

LINKS

Eine gelungene Kombination aus Lauch und Knöterich in Barnsley House.

1992 beauftragte der *Evening Standard* Rosemary Verey mit dem Entwurf eines Stadtgartens für die Chelsea Flower Show. Die Logistik stellt bei jeder Ausstellung in Chelsea eine Herausforderung dar und bei der Planung eines Gartens um so mehr. Sie löste das Problem des geringen Platzangebots durch Miniaturformen. Es entstand ein Puppengarten mit Buchsbaumhecken, einem Gemüsebeet mit einigen Ziergemüsen, einem achteckigen Rasen mit hübscher Einfassung, alles winzig klein. Die Stärken und auch die Schwächen ihres Ansatzes traten dabei deutlich zum Vorschein: die gelungene Verbindung von Strenge und Gefälligkeit einerseits und die Schwierigkeiten, den herkömmlichen Landhausstil zu überwinden, andererseits.

Eine andere angesehene Gartenautorin und -designerin ist Penelope Hobhouse. Sie hat einen ähnlichen gesellschaftlichen Hintergrund wie Rosemary Verey und ist ebenfalls Autodidaktin. Nach dem Besuch der Universität Cambridge heiratete sie und begann eine Tätigkeit in einem Farmgarten. „Plötzlich erkannte ich, daß die Gartenarbeit gewissermaßen eine Kunstform ist." Ohne genaue Vorstellungen zu haben, kaufte sie voller Ungestüm sogleich Pflanzen. Sie besuchte Margery Fish, ihre Nachbarin in Somerset, und hielt in ihrem anfänglichen Unwissen die außerordentliche Vielfalt in deren Gewächshaus für normal. Als Berater standen ihr die Gartenexperten und -autoren John und Faith Raven zur Seite. Sie hatte verwandtschaftliche Verbindungen zu Knightshayes, dem von der Familie Armory gestalteten Garten in Devon, der heute vom National Trust verwaltet wird. Seine kreative Gestaltung und bemerkenswerte Pflanzenvielfalt beflügelten sie. Ihre gesamte Energie floß in die Gartenarbeit.

Dann zogen sie und ihr Mann nach Hadspen House. Der knapp drei Hektar große Garten war ursprünglich schön angelegt, inzwischen aber von Unkraut überwuchert. Mit viel Einsatz jätete sie ihn und pflanzte ihn um. Da sie für den großen Besitz nicht genügend Arbeitskräfte hatte, konzentrierte sie sich auf Bodendecker und pflegeleichte Gewächse. Im Verlauf der Restaurierung entdeckte sie ihr Interesse für Gartendesign und begann, Gärten im Ausland zu besuchen. Zugleich nahm sie ihr erstes Buch, *The Country Gardener*, eine Art praxisorientiertes Handbuch, in Angriff.

Ihre gärtnerischen und schriftstellerischen Aktivitäten verliefen sehr zufriedenstellend. Eheprobleme aber veranlaßten sie, ihren Mann und

Hadspen zu verlassen. Sie konnte den National Trust bewegen, ihr Tintinhull in Somerset zu verpachten, einen der reizvollsten Gärten des Trusts, ein Vermächtnis von Phyllis Reiss. 1979 zog sie mit John Malins, ihrem späteren zweiten Mann, dort ein. Die veränderten Lebensumstände waren begleitet von Hochstimmung und Irritation zugleich.

> Ich schwor mir, daß ich nie mehr von einem Mann abhängig sein würde, also mußte ich arbeiten. Das ist ein großer Ansporn, und wenn man so spät im Leben sein erstes Geld verdient, ist das geradezu berauschend … Noch immer bereitet es mir immense Freude, für meine Arbeit bezahlt zu werden, da ich so lange nicht gearbeitet habe und mich nur als Ehefrau und Mutter ziemlich nutzlos fühlte.

Daß Penelope Hobhouse jetzt eine berufstätige Frau mit vollem Tagespensum ist, können ihre Freunde und Bekannten nur schwer verstehen.

> Mein berufliches Dasein hat sich völlig gewandelt … hat mich in eine ganz andere Welt geführt … anfangs habe ich wöchentlich 60 Stunden im Garten gearbeitet und nebenher die Bücher geschrieben. Ich war so glücklich.

Tintinhull zu betreuen war nicht immer unproblematisch. Als der National Trust den Garten übernahm, wurden sämtliche Pflanzen erfaßt, und es war Penelope Hobhouse nicht klar, inwieweit die Originalbepflanzung aufrechtzuerhalten oder Freiraum für Neues gegeben war. Natürlich gingen einige alte Lieblingspflanzen ein, begannen andere zu wuchern, kamen neue Sorten auf den Markt. Schließlich beschloß sie in Anbetracht des intimen Charakters dieses Gartens und seines unablässigen Werdens und Vergehens selbst interpretatorisch einzugreifen.

Der nächste Meilenstein auf ihrem Weg war der Auftrag zu dem Buch *Farbe im Garten*, das ihr Denken stark beeinflußte.

> Es hat mein Leben wirklich verändert, denn zwei Jahre lang dachte ich nur noch an Farbe … Immer häufiger schaute ich die Impressionisten an, um zu verstehen, was sie anstrebten. Ich las Bücher über Farbenlehre … es wurde fast schon zur Besessenheit … mir fielen Dinge in der Landschaft auf, die ich zuvor nicht bemerkt hatte … die

verschiedenen Farben, die sich im Schatten auf verschneitem Grund ergeben, und die Grün- und Pinktöne, die man als Reflexion von Grün erhält.

Das Buch enthielt herrliche Photos und bekam viel Beifall. Viele Gärtner sehen es als Standardwerk an. Mit wachsendem Renommee gingen weitere Aufträge ein, und immer mehr Besucher erschienen in Tintinhull. Der Garten ist zwar nicht generell täglich geöffnet, doch gibt es viele Voranmeldungen für Gruppen, und im Mai und Juni werden die Besucher sieben Tage in der Woche eingelassen. Eine anstrengende Aufgabe.

Am Ende bin ich der Ersatz für alle … ich vertrete meine Putzfrau, wenn sie in Urlaub ist, und dann reinige ich die WCs für die Besucher, und ich reiße die Eintrittskarten ab. Und ich versuche zu schreiben und im Garten zu arbeiten …

Der Konflikt zwischen der Verantwortung als Leiterin eines öffentlichen Gartens, dem Bedürfnis nach Privatleben und dem Wunsch, die anstehenden Aufgaben zu erledigen, ist unvermeidlich. Gartenbesucher erleben sie, in Arbeitskleidung mit einer derben Gärtnerschürze und leicht zerzaustem Haar, emsig bei der Arbeit. Vom ständigen Kontakt mit der Erde sind ihre Hände ganz rissig.

Tintinhull und ihre Publikationen, vor allem *Farbe im Garten* und ihre gescheite *Kunst der Gartengestaltung*, verschafften ihr Arbeiten in Amerika, wo sie sich häufig aufhält. Ihre Besuche bei amerikanischen Auftraggebern sind anregend, oft aber auch mit Hektik verbunden, und die vielen Reisen lassen ihr wenig Zeit zum Nachdenken. Die Aufträge selbst aber empfindet sie als Gelegenheit zur schöpferischen Tätigkeit:

Ich arbeite, um Geld zu verdienen, aber man hat doch die Pflicht, etwas Schönes zu hinterlassen … Ich bin eine instinktive Designerin,

Penelope Hobhouse,
leitende Gärtnerin in Tintinhull.

> die aus der Geschichte gelernt hat und bei der Arbeit aus dem schöpft, was sie in der Vergangenheit gesehen und sich angeeignet hat … Ich hätte gern eine richtige Ausbildung gemacht.

Manchmal hat sie mit schwierigen Kunden zu tun.

> Ich kann meine Vorstellung nicht vermitteln … Es wäre verrückt zu streiten … An mir liegt es, ob sie ihren Garten schön finden, wenn ich fertig bin.

Sie bedauert, daß es in England so wenig Überschneidung zwischen öffentlichen und privaten Gärten gibt und daß sie keine Aufträge für die Gestaltung und Bepflanzung öffentlicher Anlagen bekommt. In diesem Punkt stellen ihre gesellschaftlichen Verbindungen und auf Hochglanzpapier gedruckten Publikationen eine Art Handicap dar. „In Amerika sind sie versessen darauf, aber in diesem Land ist es irgendwie von Nachteil." Sie nennt den Conservatory Garden im New Yorker Central Park als ihr Ideal. Er wird mit privaten und staatlichen Geldern finanziert, genießt großes Ansehen und zieht die älteren Damen aus der Fifth Avenue ebenso an wie viele Leute aus Harlem.

Stil und Gestaltung eines Gartens, seine Gliederung und Gesamtkomposition sind nicht nur eine Angelegenheit für Besitzer großer Gärten oder reiche Amerikaner. Die Society of Garden Designers wurde gegründet, um in freiwilliger Selbstkontrolle den Beruf des Gartendesigners zu fördern und über die Einhaltung von Qualitätsstandards zu wachen. Elizabeth Whately ist ein typisches Mitglied. Sie war lange Jahre Hauswirtschaftslehrerin an einer kommunalen Schule, interessierte sich dann aber zunehmend für die Gärtnerei und besuchte mehrere Kurse. In den Fünfzigern ging sie in den vorzeitigen Ruhestand und absolvierte eine Ausbildung bei John Brookes, dem in Sussex ansässigen, international bekannten Gartendesigner. Anschließend machte sie sich selbständig. Sie mußte sich die Grundlagen der Landvermessung aneignen und lernen, wie man Kostenvoranschläge erstellt, Pläne zeichnet, Ausschreibungen formuliert, Bauunternehmen beaufsichtigt, mit Großgärtnereien umgeht und als Gartengestalter Werbung macht.

In erster Linie übernimmt sie kleinere Projekte für Kunden, für die der Garten Neuland ist. Für Interessenten hält sie ein Informationsblatt mit

Angaben zu ihren Dienstleistungen und Honorarforderungen bereit. Der Schnellkursus für ihre Klienten, die manchmal sehr wenig über die Pflege der von ihnen ausgewählten Pflanzen wissen, ist umsonst. Oft stellen sie sich den Garten nicht als lebendige, wachsende Einheit vor, sondern als unveränderliches Ganzes, wie eine Inneneinrichtung. Sie sucht Kompromisse zwischen ihren eigenen Vorstellungen und dem, was der Kunde wünscht und zu zahlen bereit ist.

> Letztendlich muß der Kunde zufrieden sein. Vielleicht mag ich nicht, was er auswählt, aber er bezahlt und muß damit leben, und ich tue mein Bestes.

Alle Gartendesigner werden mit diesen Konflikten zwischen ihren eigenen Ansichten über Gartengestaltung und dem Geschmack ihrer Kundschaft konfrontiert. Einige nehmen Aufträge, die Kontroversen erwarten lassen, nicht an; andere stellen ihre eigene Meinung hintan, und die meisten verhandeln. Es ist schwierig, sich ohne Kontakte zur Gesellschaft und zu Fachkreisen einen Namen zu machen. Broschüren, Werbung, die Teilnahme an Ausstellungen, gutes Marketing eben, ist genauso wichtig wie Referenzen. Viele Kunden haben keine Ahnung von dem Aufwand, den eine kompetente Beratung erfordert, und versuchen, kostenlos Tips zu bekommen, oder sie machen unzureichende Angaben. „Sie schreiben nicht, wie kalt es ist", antwortete Graham Stuart Thomas auf eine ungeduldige Anfrage. „Sehen Sie sich gründlich in ihrer Gegend um, und stellen Sie fest, was erfolgreich gedeiht."

Der Gartenjournalismus beeinflußt die Sicht der Menschen von ihren Gärten. Noch vor einer Generation beschäftigten die Zeitungen und Monatszeitschriften in diesem Ressort meist Männer, und diese saßen auch auf den Chefredakteurssesseln von Gartenjournalen (immerhin aber waren Vita Sackville-West und Frances Perry für den *Observer* tätig, und Anne Scott-James arbeitete regelmäßig an der Radiosendung *Gardeners' Question Time* mit). Sie gaben viele redundante, praktische Ratschläge. Ihre Hinweise und Tips bezogen sich darauf, wie man den Wuchs fördern und Unkraut beziehungsweise Schädlinge in Schach halten kann; gelegentlich erschienen Artikel über Gärten und Gärtnereien. Heute geben die Frauen den Ton an: Mary Keen, Ursula Buchan, Miranda Innes und Francesca Greenoak schreiben regelmäßig Kolumnen. Und immer häufiger werden einzelne Gärten und Gärtner oder Gärtnerinnen vorgestellt. Ob dies einer anderen frauenspezifischen Einstellung, dem individualistischen Zeitgeist oder einfach der Tatsache zuzuschreiben ist, daß den Wochenendbeilagen jetzt bessere Photos zur Verfügung stehen, muß erst einmal noch dahingestellt bleiben.

OBEN

Die sich selbst aussäende Jungfer im Grünen ist in Tintinhull zahlreich vertreten. Hier wurde sie mit gelber Iris und *Allium albopilosum* kombiniert.

RECHTS

Eine wunderbar inszenierte Aussicht auf das in gelbem Stein erbaute Herrenhaus.

Anna Pavord ist ohne Zweifel eine der einflußreichsten Kolumnistinnen in Großbritannien, weist dies jedoch bescheiden zurück. Sie bezeichnet sich selbst vielmehr lediglich als „Schreiberling", eine Feature-Journalistin, die das unerwartete Glück hatte, aufgrund eines besonders gelungenen Gartenartikels in einer anderen Zeitschrift eine Gartenkolumne im *Independent* zu bekommen. Sie ist der festen Überzeugung, daß es nicht ihre Aufgabe sei, sich zu Fragen des Geschmacks und Stils zu äußern, sondern

Die Gartenjournalistin Anna Pavord lebt in einem 300 Jahre alten Cottage in Dorsetshire. Ihre Zeit, die sie dort verbringt, ist nur ein Bruchteil seiner Geschichte. Besitzansprüche will sie daher gar nicht aufkommen lassen.

die mit der Gartenarbeit verbundenen Eigenheiten und Leidenschaften begreifbar zu machen.

> Ich bin Anarchistin ... beim Gärtnern geht es darum, eine eigene kleine Welt zu erschaffen ... ich möchte die Menschen ermutigen, an ihre Überzeugungen zu glauben, unbeirrt ihren eigenen Weg zu gehen.

In bezug auf Gärten denkt sie eklektizistisch. Es macht ihr nichts, wenn jemand „unmoderne" Ringelblumen, Begonien oder Ausstellungschrysanthemen zieht; ihr ist egal, welche Farben nebeneinander plaziert werden. Hierbei handelt es sich um individuelle Vorlieben, und da gibt es kein Richtig oder Falsch. Wichtig ist ihr aber, daß Pflanzen, gleich, welcher Art, gut gepflegt werden. In ihren Augen ist ein guter Garten

> ... ein Werk, das die Seele befriedigt ... irgendwie alles so, wie es sein sollte ... eine Art Ausgewogenheit ... Man weiß nicht, was es ist, bis man es sieht, es ist der physische Ausdruck der Liebe, die man hineingegeben hat, die Ausstrahlung der Pflanzen ... die man in

einem zehn Quadratmeter großen Garten ebenso finden kann wie auf dem weitläufigen Grundstück eines Landhauses.

Die Popularität des Gärtnerns führt sie auf seine „kraftspendende" Wirkung zurück. Ihre Fernsehserie *Flowering Passions* ergründete die unterschiedlichen Ansichten gewöhnlicher Menschen über das Gärtnern. Manche graben gern, andere mögen die mathematische Präzision des Formschnitts, und wieder andere kümmern sich gern um Pflanzen – und stehen dafür sogar um drei Uhr morgens auf, um die Gewächshaustemperatur zu kontrollieren. Bei solchen Menschen, die aufmerksam beobachten und mit Engagement bei der Sache sind, findet man „großartig entwickelte Pflanzen".

Anna Pavord betont, sie sei keine Expertin; sie lebe und arbeite auf dem Land, wehre sich aber dagegen, eigenen Grund und Boden zu besitzen. Ihr Haus und Garten sind über 300 Jahre alt, ihre Zeit wird also nur ein Abschnitt im Leben dieses Gartens sein. Manche seiner alten Strukturen hat sie wiederhergestellt, einige neue Bäume gepflanzt, sieht sich aber selbst als „Durchreisende".

Dieser eklektische Ansatz, die Betonung der Individualität und ihre ablehnende Haltung gegenüber der Bedeutung herkömmlicher Gestaltungsideen sind populistisch. Sie stehen im Widerspruch zu der Ansicht, die Geschichte des Gartendesigns und -stils sei die der Prachtgärten der Reichen. Das Bedürfnis, die eigene Umgebung zu gestalten, der Drang zu verschönern sind elementar. „Verschiedenheit und Ausschmückung" seien es, was den Menschen antreibt, schrieb der Biologe Stephen Jay Gould. Ähnlich äußert sich auch der Kunsthistoriker Herbert Read: „Das Ziel der künstlerischen Arbeit ist … die zutiefst menschliche, gewöhnliche Absicht, die Dinge ‚etwas freundlicher aussehen zu lassen'."

Der Gartendesigner Russell Page behauptete 1962 in seinem richtungweisenden Buch *Ich schuf Gärten in aller Welt*, der Stil überwinde Zeit und Ort, er sei eine humanisierende Vision.

> Aber wenn [Landschaftsgärtner und Gartenarchitekten] Künstler sind … ist es ihre Aufgabe, Leben und Leute zu beobachten. [Ein Gartenkünstler] muß versuchen, sie zu verstehen und seine Erfahrung zunächst in Entwürfe und dann in die Wirklichkeit umzusetzen.

KAPITEL 7

MALERISCHE FLORA

Blumen und Gärten haben viele große Künstler inspiriert. „Wer ein einzelnes Blatt malen kann“, schrieb der Kunstkritiker John Ruskin, „der kann die ganze Welt malen.“ Die Iris und das Rasenstück, die Albrecht Dürer im 16. Jahrhundert aquarellierte, die opulenten Sträuße der holländischen Maler des 17. Jahrhunderts, Van Goghs Sonnenblumen und Monets Lilien, sie alle sind Beispiele dafür, wie die Formen und Farben von Blumen und Blättern seit jeher die künstlerische Phantasie beflügelt haben. Auch die Wissenschaftler ließen Bilder von Blumen anfertigen, um neue botanische Funde in allen Details festzuhalten und die außerordentliche Vielfalt der Pflanzenwelt zu dokumentieren.

Ein Aspekt der botanischen Kunst war die akribische Wiedergabe der individuellen Merkmale von Pflanzen, ein anderer war die Ästhetik. Das Aussehen einer Pflanze und ihre Eignung zum Malen versetzte die Künstler in wahres Entzücken. Die Kunst der botanischen Darstellung bedurfte einer besonderen Art der Wahrnehmung, und ihre Exponenten waren zu Recht berühmt, allen voran Pierre-Joseph Redouté. Seine im 19. Jahrhundert entstandenen Zeichnungen von Rosen und Lilien zeugen von einem aufmerksamen Blick für jedes Detail und einem feinen Gespür für Perspek-

Eine unbekannte Künstlerin malt Mohn
im Chelsea Physic Garden.

Eine *Rosa rapa* von Redouté, dem berühmtesten aller Blumenmaler. Seine Gönnerin war Kaiserin Josephine, und zu seinen Schülern gehörten die meisten Damen der Pariser Gesellschaft.

tive. In den Augen seines Zeitgenossen Goethe stellt sich der botanische Künstler einer größeren und lohnenderen Herausforderung als jeder andere Maler. Sinngemäß sagte er:

> Der eine muß nur den Freund oberflächlicher Schönheit befriedigen; der andere muß die Wahrheit wiedergeben – und durch die Wahrheit die Schönheit.

Kreativität, Talent und eine besondere Beobachtungsgabe allein genügen in keiner Kunstdisziplin, um sich einen Namen zu machen. Die Schöpfer von Pflanzendarstellungen waren von Aufträgen und Gönnern abhängig. Mit wachsender Bedeutung und Popularität der Botanik nahm auch ihre Unterstützung zu. Kaiserin Josephine half Redouté mit generösen Zuwendungen, sich zu etablieren. Als der Geldstrom versiegte, ging er bankrott. Die Herzogin von Beaufort beauftragte Everhardus Kickius 1703 damit, die in Badminton, Avon, kultivierten Pflanzen zu malen; und ein halbes Jahrhundert später regte die Herzogin von Portland Georg Ehret dazu an, Bilder von den Blumen in Bulstrode in Buckinghamshire zu verfertigen, wobei sie ihm großzügige Unterstützung gewährte. Seine Darstellungen reichen in ihrer Schönheit und Genauigkeit an die Redoutés heran.

In Holland, wo die Gleichberechtigung der Frauen im 17. und 18. Jahrhundert schon weiter vorangeschritten war, durften Künstlerinnen sich den Zünften anschließen, eigene Ateliers unterhalten und professionell für Aufträge werben. Sie malten für den Kunstmarkt ebenso wie für den wissenschaftlichen Bereich, wobei ihre Werke manchmal weniger kosteten als die Blumen, die sie zeigten. Die bekanntesten unter den selbstbewußten, unabhängigen Künstlerinnen waren Maria van Oosterwyk und Rachel Ruysch. Ihre Stilleben von Blumen und Früchten waren zart, klar und makellos brillant. Maria Merian war Botanikerin und Entomologin. Viele ihrer präzisen Zeichnungen entstanden 1698 auf einer Reise nach Surinam, die sie als 53jährige unternahm. In Paris führte Madeleine de Basseporte ab 1735 die Geschäfte des großen französischen Botanikkünstlers Aubriet weiter und fertigte die Pflanzendarstellungen für den *Jardin du Roi* an. Ihre Freundin Anne Vallayer Coster war für ihre Blumenbilder bekannt.

Mrs. Delany, eine Freundin der Herzogin von Portland und eine begabte Künstlerin, die Blumenbilder aus Papier ausschnitt. Zu ihrer Zeit war sie aber vor allem wegen ihres vornehmen Auftretens geschätzt.

Indessen schufen die britischen Künstlerinnen jener Zeit hübsche Miniaturen. Mrs. Delany, die eine innige Freundschaft mit der Herzogin von Portland pflegte, schnitt Blumen aus Papier aus. Allerdings gründete sich ihr Ruf weniger auf ihren Blick für Farben und ihren geschickten Umgang mit der Schere als vielmehr auf ihre weiblichen Tugenden. Dr. Johnson charakterisierte sie als „die kultivierteste Frau der Welt, ein Vorbild für jedes Alter". Mary Moser gehörte 1768 zu den Mitbegründern der Royal Academy, erhob aber, obwohl sie regelmäßig ausstellte und hübsche Blumensträuße entwarf, nicht den Anspruch botanischer Kompetenz. Nur Elizabeth Blackwell, die schon erwähnte Autorin des *Kräuterbuchs*, verweigerte sich dem Trend und veröffentlichte darüberhinaus nichts mehr.

Das Sammeln und Zeichnen von Blumen wurde im England des 18. und 19. Jahrhunderts von jungen Damen der besseren Gesellschaft ausgeübt, denn es gehörte neben dem Musizieren, Tanzen und Sticken zu den Fertigkeiten, die man von ihnen erwartete. Wilfrid Blunt, ehemaliger Zeichenlehrer in Eton (der angeblich die Töpfe vor seiner Tür mit Plastikblumen bepflanzte), verfaßte mit *The Art of Botanical Illustration* ein maßgebliches Werk über die Geschichte der botanischen Zeichnung. Frauen schneiden in seiner Beurteilung allerdings schlecht ab, ihre Leistungen sind für ihn in der Regel lediglich belanglos.

> Das Linnésche System der Klassifizierung … machte die Botanik zur Tändelei für jedes beliebige Fräulein, das bis zwölf zählen kann.

Auch Germaine Greer äußerte sich in ihrem Buch *Das unterdrückte Talent* darüber, wie das Malen von Blumenaquarellen zum Zeitvertreib für Frauen trivialisiert wurde.

> Blumen waren der passende Gegenstand für Leute, die ihre künstlerische Arbeit nicht allzu ernst nehmen sollten, und gewerblich hergestellte Blätter, Zeichnungen und Aquarelle waren weder unsauber noch anrüchig, noch sonst irgendwie unweiblich.

Die Geschichte von Elizabeth Twining (1805-1889) aus der berühmten Teehändlerdynastie war typisch. Sie zeichnete und aquarellierte und interessierte sich zeitlebens für Botanik. Jahrelang arbeitete sie an einem bota-

Elizabeth Twining war eine fachkundige Botanikerin und malte reizende Bilder.

nischen Werk mit dem Titel *Illustrations of the Natural Orders of Plants.* Wie andere Zeitgenossen verfaßte sie auch religiöse Traktate, deren man sich eher erinnert als ihrer Pflanzendarstellungen. Blunt schätzte ihr Talent ebenfalls nicht sehr hoch ein.

Möglicherweise benutzten manche Frauen, bewußt oder unbewußt, das botanische Zeichnen als Vorwand für Reisen und Forschungstätigkeiten. In Kew und im British Museum finden sich Sammlungen von Blumendarstellungen aus aller Herren Länder. Die Liste der Künstlerinnen ist lang, meist aber findet man nur einige knappe und vage Informationen über ihre Vita.

Ausführlich dokumentiert ist hingegen das Leben von Marianne North, die in der viktorianischen Ära ihren Vater, den Unterhausabgeordneten Richard North, nach Syrien und Ägypten begleitete. Nach seinem Tode beschloß sie, ihr Leben im Gedenken an ihn dem Malen von Blumen in

LINKS
Marianne North war unermüdlich rund um die Erde unterwegs, um Pflanzen zu sammeln und zu malen.

RECHTS
Weiße Ackerwinde mit *Cestrum elegans*, eines der vielen Bilder, die Marianne North Kew übereignete.

fernen Ländern zu widmen, die sie in vielen ausgiebigen Reisen besuchte. Sie vermachte Kew nicht nur ihre Bilder, sondern ließ für sie auch ein eigenes Gebäude errichten. Bei Zeitgenossen stand sie wegen ihres unermüdlichen Wissensdrangs in hohem Ansehen. Laut Blunt aber, der alle frühen Künstlerinnen herabwürdigte, konnten auch die wagemutigsten Forschungsreisen ihr mangelndes Talent nicht aufwiegen:

> … ihre Bilder entbehren beinahe jeder Sensibilität. Der unerfreuliche Eindruck, den sie hervorrufen, wird noch durch ihre Entscheidung verstärkt, an die achthundert Gemälde in einer Galerie auszustellen, die gerade fünfzig vorteilhaft zu zeigen vermag.

Der Erfolg der botanischen Kunst hing von den Möglichkeiten der Vervielfältigung ab, von der Qualität der Holzschnitte, Stiche, Lithographien und

Farben. Manchmal stellten die Künstler selbst die Druckstöcke her und fungierten als Koloristen. Schon Joseph Banks, der erste Direktor von Kew, vermögend und weitgereist, hatte Georg Ehret damit beauftragt, die Blumen seiner Neufundland-Expedition zu malen, und sich an Stichen von den Zeichnungen versucht, die er von seiner Australienreise mitgebracht hatte. In Kew erkannte er die Bedeutung der botanischen Zeichnung für den wissenschaftlichen Ruf von Gärten und holte die Brüder Franz und Ferdinand Bauer zu sich. Franz fertigte als ‚Botanikmaler seiner Majestät' in Kew Zeichnungen und Stiche an, während Ferdinand ausgedehnte Reisen

unternahm. Sie waren die ersten Künstler in Kew und begründeten eine außergewöhnliche Tradition.

Eine Kollegin von ihnen, die unlängst wiederentdeckt wurde, ist Margaret Meen. Über sie ist wenig bekannt, außer daß sie aus Ostengland stammte und irgendwann das Malen von Blumen und Insekten lehrte. Von 1775-1785 stellte sie in der Royal Academy aus. Sie war an einem Projekt in Kew beteiligt, das der Herstellung von Bildern exotischer Pflanzen galt. Zwar wurde das Projekt nie zu Ende geführt, doch sind einige ihrer Werke erhalten. „Über das Niveau einer sehr talentierten Amateurin kommt sie nie so recht heraus", lautet das Urteil Wilfrid Blunts. Dagegen beschreibt sie Richard Mabey, der ihre Bilder unlängst neu begutachtet hat, als „eine Künstlerin von außerordentlicher Begabung und Wahrnehmung".

Ebenfalls in den achtziger Jahren des 18. Jahrhunderts wurde *Curtis' Botanical Magazine* ins Leben gerufen. Sein geistiger Vater war der Apotheker William Curtis. Er stand mit Philip Miller in Verbindung, dem Kurator des Chelsea Physic Garden, der zehn Jahre auf die *Flora Londinensis* verwandte, ein Werk über die Pflanzen innerhalb eines 16 Kilometer großen Umkreises um London. Es war ein löbliches, wenn auch wenig einträgliches Unterfangen. Curtis entschied sich für eine andere Strategie, ein „Botanisches Magazin – oder Eine Ausstellung des Blumengartens". Sein Ziel war die möglichst naturnahe Darstellung und die Beschreibung „höchst dekorativer ausländischer Pflanzen".

Das Magazin kostete einen Shilling und diente Botanikern, Künstlern und Gärtnern über ein Jahrhundert als Nachschlagewerk.

1826 wurde William Hooker neuer Chefredakteur. Er betätigte sich auch als Zeichner, die meisten Stiche aber stammten von James Sowerby. Hooker wurde Professor für Botanik an der Universität von Glasgow und 1841 Direktor von Kew. Inzwischen hatte sich die Lithographie etabliert, und Hooker stellte William Fitch ein, der die Zeichnungen und Stiche unter Verwendung dieses neuen Druckverfahrens für das Magazin herstellen sollte. Fitch, ursprünglich Musterzeichner für eine Firma, die Kattun bedruckte, wurde der bedeutendste – und mit beinahe 10000 Darstellungen der produktivste – Illustrator seiner Generation. Seine bekanntesten Werke waren die kleinen Holzschnitte in *Illustrations of the British Flora*.

Joseph Hooker löste 1860 seinen Vater als Direktor von Kew ab. Der reizbare und arrogante Mann behandelte Fitch immer schlechter. Dieser verließ 1877 Kew und das Magazin mit der traurigen Bemerkung: „Ich bin resigniert, nicht nur wegen des Magazins, sondern wegen der Botanik selbst."

Joseph Hookers Tochter Harriet Anne, die Ehefrau des damaligen stellvertretenden Direktors von Kew, Sir William Thistleton-Dyer (der später die Gärtnerinnen mit den Pumphosen einstellte), fertigte aushilfsweise einige der Druckplatten für die Zeitschrift an. Hooker aber hatte eine 23jährige Cousine zweiten Grades namens Mathilda Smith, die gern zeichnete. Er beschloß, sie im botanischen Zeichnen zu unterweisen. Sie lernte schnell und schuf schon nach einem Jahr ihre erste Platte für das *Botanical Magazine*. Als Künstlerin und Lithographin übernahm sie die Illustrationen für Hookers Bücher über die Pflanzen in Kew. 1898 wurde sie offiziell ins Herbarium von Kew berufen. Neben ihrer dortigen Arbeit illustrierte sie ein Werk über neuseeländische Gewächse und ein weiteres über Pflanzen aus Afghanistan, allerdings nach Exemplaren aus dem Herbarium. Man rühmte sie dafür, wie sie „getrocknete, gepreßte und oft unvollkommene Stücke zu neuem Leben zu erwecken" wußte. Bis zu ihrem Abschied 1916 aus Kew wurde sie mehrfach geehrt. Vorbehalte meldete dagegen wie üblich Wilfrid Blunt an:

> Miss Smith ... blieb bis zuletzt eine eher stümperhafte Zeichnerin, die mehr für ihre ‚große Mühe' und ihren ‚unermüdlichen Eifer' als für ihre Fertigkeit bekannt, aber wegen ihres Charmes geschätzt war.

Mathilda Smiths berühmte Nachfolger in Kew waren allesamt Frauen. Die Künstlerin und Lithographin Lilian Snelling war ab 1916 für die Edinburgh Botanical Gardens tätig und dann von 1921-1952 die offizielle Künstlerin des *Botanical Magazine* (das inzwischen mehrfach den Besitzer und Herausgeber gewechselt hatte). Darüber hinaus illustrierte sie eine berühmte Arbeit von F. C. Stern mit dem Titel *The genus Paeonia* und eine weitere Abhandlung über Lilien. Sie erhielt die begehrte Victoria Medal of Honour der R.H.S., wobei die Lobrede „die bemerkenswerte Zartheit und Genauigkeit der Konturen, die Leuchtkraft der Farben und die feinen Farbnuancen" ihrer Darstellungen herausstrich.

Mathilda Smith wurde durch die Vermittlung von Joseph Hooker, einem Cousin zweiten Grades, Botanikkünstlerin in Kew.

Auch Stella Ross-Craig war 23 Jahre, als sie 1929 in Kew begann. Sie gilt als eine der größten unter allen Künstlern von Kew. Für Wilfrid Blunt beschrieb sie ihre Arbeitsweise:

> Zuerst betrachte ich die Pflanze aus jedem Blickwinkel – wie ein Bildhauer etwa einen Kopf studiert, den er porträtieren möchte –, um ihren Charakter zu erfassen. Mitunter braucht man eine Lupe, um die Struktur der Blume zu erkennen. Wenn ich die schönste Ansicht her-

> ausgefunden habe, lege ich die Komposition an – andeutungsweise, aber mit akkuraten Maßen. Die Blätter werden im wissenschaftlich vertretbaren Rahmen so arrangiert, daß sich ein gefälliges Bild ergibt, und beschädigte Blüten … werden in der Zeichnung durch makellose ersetzt … Wenn die Skizze fertig ist, beginnt die detaillierte Ausarbeitung des ‚Porträts', zunächst mit den vergänglichen Teilen wie den Knospen, die sich rasch öffnen. Pflanzen, die sich schnell verändern oder welken, sind ein erhebliches Problem, auf das es nur eine Antwort gibt: Tempo.

Ihr herausragendes Werk ist eine kompetente 31bändige Ausgabe über die einheimische britische Flora, die unter anderem Miriam Rothschild als Nachschlagewerk diente. Jede Pflanze ist in allen Einzelheiten mit Wurzelsystem, Fortpflanzungsorganen, Blattstruktur, Blüte, Frucht, Beere und Samen sowie in ihrer Gesamterscheinung dargestellt.

Mary Grierson ist eine weitere bekannte Künstlerin aus Kew. Zur Hauswirtschaftslehrerin ausgebildet, arbeitete sie als Köchin in der Londoner Harley Street. Im Zweiten Weltkrieg erstellte sie nach Luftaufnahmen Landkarten. Ein von Wildblumen besessener Kollege überredete sie, mit dem Zeichnen anzufangen. Sie fertigte erste Illustrationen für die Geschäftsberichte ihrer Firma an. Diese zahlte ihr als Gegenleistung einen Kurs über die Kunst der botanischen Darstellung unter Leitung des Künstlers John Nash, in dem auch zahlreiche Besuche des Gartens von Cedric Morris miteingeschlossen waren. (Cedric Morris war Künstler und Mentor von Constance Spry und Beth Chatto). 1960 bewarb sie sich, eher halbherzig, als Ausstellungsorganisatorin in Kew. Dabei überzeugte sie so sehr, daß sie statt dessen als Botanikkünstlerin eingestellt wurde. Wie ihre Vorgängerinnen malte sie Pflanzen aus dem Herbarium, doch reiste sie auch nach Hawaii und Israel. Sie stellte aus, malte eine Serie über Heckenblumen, entwarf Briefmarken und Gedenktafeln, und sie erhielt den Auftrag für ein Bild nach einem Clavicembalo aus dem 18. Jahrhundert.

Gerade wurde den Frauen für ihre Leistungen im Bereich der botanischen Kunst erste Anerkennung zuteil, da bekamen sie durch die Photographie auch schon ernsthafte Konkurrenz. Gertrude Jekyll und Ellen Willmott waren begeisterte Photographinnen, die die neue Technik ausgezeichnet

meisterten. In den letzten 20 Jahren haben sich die Farbdruckverfahren immens verbessert, und kaum ein Gartenbuch kommt heute ohne eine gewisse Anzahl an Hochglanzphotos aus. Trotzdem ist eine Zeichnung in ihrem Detailreichtum nicht zu übertreffen.

Ruskin haßte Botaniker und fand es anstößig, den „obszönen Vorgang“ der Vermehrung bei Pflanzen auszuspionieren. Dennoch vertrat er die Meinung, durch das Zeichnen von Blumen erschließe man sich ihre Schönheit. Für ihn war das Zeichnen ein aktiver Prozess der Wahrnehmung, schöpferische Tätigkeit und Dokumentation. Er unterschied zwischen …

Iris iberica von Mary Grierson.

OBEN
Ochagaria cornea von Stella Ross-Craig.

LINKS
Sorbus esserteauiana von Lilian Snelling.

… aufmerksamem Zeichnen, das den Rhythmus und die Beziehung von Schwerpunkten innerhalb eines Ganzen wiedergibt, und dem bloßen Kopieren jeder Einzelheit in einem schier unüberschaubaren Blütengewirr.

Eine Photographie ist ein exaktes – wenngleich arrangiertes und inszeniertes – Bild der Gegebenheiten. Die Lichtintensität, das Verhältnis der Farben zueinander, die Formen und ihre Anordnung werden vom Auge der Kamera reproduziert. Beim Malen kommt eine weitere Dimension hinzu: es ist eine Idealisierung, eine Vision, eine perfekte Version bar jeden

Makels, eine Verwandlung und letztlich ein Destillat. Valerie Finnis und andere Photographinnen haben das Medium in diesem Sinne eingesetzt, um eine Art lichtbildnerisches Bukett zu schaffen. Wie Finnis indes selbst zugibt, läßt es sich mit einem gemalten oder gezeichneten Bild in all seiner Feinheit und Intensität nicht vergleichen.

Obwohl das Genre der botanischen Kunst heute stark in den Hintergrund getreten ist, gibt es doch noch viele Künstler und Künstlerinnen, denen diese Art des ‚Sehens' ein Anliegen ist. Ich möchte hier jene nennen, die die bemerkenswerte Tradition von Kew weiterführen und das *Kew Magazine* illustrieren: Marjorie Blamey, die eine Zeitlang Milchbäuerin war, Jill Coombs, eine ausgebildete Keramikerin, die auch ein Buch für Beth Chatto illustriert hat, die Botanikerin Christabel King, Rodella Purves, die außerdem für den Edinburgh Botanical Garden tätig ist, Pandora Sellars, eine ehemalige Textilgestalterin, und Margaret Stones, die früher Krankenschwester war und während eines langen Krankenhausaufenthalts als Patientin das Malen erlernte. Wie viele Frauen sind sie auf Umwegen zu ihrem heutigen Beruf gekommen.

Die Geschichte zweier sehr bekannter zeitgenössischer Blumenmalerinnen zeigt, daß man wie beim Gärtnern nach Jahren fortwährender Suche eine anerkannte Stellung erlangen kann. Lys de Bray veröffentlichte unter anderem *Fantastic Garlands*, eine Anthologie von Blumen und Pflanzen aus Shakespeares Werken, und *Cottage Garden Year*, ein illustriertes Tagebuch über ihren eigenen Cottage-Garten. Mittlerweile in den Sechzigern, hat sie ein bewegtes Berufsleben als Arzthelferin, Qualitätskontrollbeauftragte und Hausfrau hinter sich. Sie hat schon immer gegärtnert, und zwar „heftig". Drei Schuppen brannte sie nieder und arbeitete sich mit der Spitzhacke durch einen Betonbelag, um ihren ersten Garten in einem Hinterhof in Bournemouth anzulegen. Er umfaßte einen winzigen Teich, einen kleinen Rasen, einen Kirschbaum, eine Hortensie unter einer leckenden Regenrinne und eine Rose der Sorte ‚Peace'. Als nächstes hatte sie einen ummauerten Cottage-Garten in einer Kleinstadt. Sie entwickelte ein Interesse für „seltsame Pflanzen" und wählte die Blumen nach ihrem Namen aus, ohne zunächst zu wissen, wie sie aussehen würden. Schließlich wurde ihr Garten ein bekanntes Anschauungsobjekt. Vor kurzem ist sie aufs Land gezogen, wo sie nun auf einem Feld ihren dritten Garten anlegt. Zentraler Blickfang und Ausgangspunkt für die Gestaltung ist eine große viktorianische Urne, die ihr geschenkt worden war.

Mit dem Zeichnen begann Lys de Bray erst 1972, als sie sich von einem Krankenhausaufenthalt erholte. Eine Freundin brachte ihr einen Wildblumenstrauß aus Holunder, Sauerampfer, Leimkraut und Glockenblumen. Sie nahm ihn mit nach Hause und versuchte, ihn zu zeichnen. Erst probierte sie Pastellkreiden aus, die ihr aber zu grob waren, und so lieh sie sich einige Zeichenstifte. Sie war wie besessen und ging bei Einbruch der Dunkelheit schlafen, um das erste Morgenlicht nicht zu verpassen. Nach vier Tagen konzentrierten Arbeitens war die Zeichnung fertig. Sie hatte ihr Talent entdeckt und begann, Zeichnungen und Drucke herzustellen. Kurzerhand packte sie sie in ihren Sportwagen und fuhr los, um Interessenten dafür zu finden, was auch glückte. „Ich habe sie tatsächlich verkauft, sie waren gut gedruckt und zeigten eine Systematik." Allmählich ging sie vom Zeichnen zum Malen mit Farben über. Ihren ersten Vertrag schloß sie mit dem Verlag Weidenfeld & Nicolson über ein Wildblumenbuch. Obwohl sie eigentlich nur Blumen aus ihrem Garten malen wollte, mußte sie ihr Einkommen – wie seinerzeit Redouté – mit Kitsch, wie sie selbst sagt, aufbessern: Porzellanteller und -tassen, Karten und Briefpapier.

Der Garten und ihre Malerei sind für sie zwei völlig getrennte Tätigkeitsbereiche, und zu beiden hat sie eine „intensive Beziehung". Von beiden geht ein eigener Impuls aus, doch greifen sie auch ineinander. Der Garten ist ihr Archiv: „Ich pflanze an, was ich seiner Faszination oder Schönheit wegen vielleicht malen möchte."

Zeichnen und Malen bedeutet für Lys de Bray, genau zu sein, all die winzigen Variationen von Form und Farbe auf einer einzelnen Blüte oder einem Blatt zu erkennen. Dabei muß aber die Vitalität der Pflanze spürbar, das ihr innewohnende Leben eingefangen und umgesetzt werden, ansonsten ist das Ganze nicht mehr als eine leere Kopie. „Man erkennt, wenn ein Gemälde mit Liebe gemacht ist."

In ihrem neuen Garten möchte sie handfeste Pflanzen, keine „Mimosen", die gehätschelt werden wollen. Ihre Pflanzen sind für sie männlich – ein Protest gegen die vorherrschende Feminierung aller möglichen Dinge –,

RECHTS
Ein Photo von Valerie Finnis. Der Blumenstrauß enthält 103 verschiedene Blumenarten, als Vase dient die Kopie eines Tulpenhalters aus dem 17. Jahrhundert.

UNTEN
Dieses Photo schoß Valerie Finnis in David Scotts Garten. Mit einem gemalten Bild hätte sich die herbstliche Stimmung kaum so einfangen lassen.

Paphiopedilum insigne, gemalt von Lys de Bray.

und manchmal spricht sie über sie oder zu ihnen, als wären es Menschen: „Ich setzte ihn einfach hierher … er braucht Wasser … das wird dir guttun, mein Kleiner." Vor ihrem Haus wachsen auf Beeten moderne Rosen, die sie besonders gern malt, vor allem die mit Kaffee- und Terrakottatönen. Für feministische Gedanken hat sie nicht viel Zeit, doch glaubt sie, daß es die typische britische Gärtnerin gibt, „mittleren Alters, exzentrisch und überaus positiv". Starke Frauen sollten ihrer Meinung nach keine Angst haben, sich für ihre Fehler zu entschuldigen, besonders wenn sie die Achtung von Männern gewinnen müssen, die für sie arbeiten. Beim Bearbeiten ihres Feldes hat sie Helfer gehabt. „Man muß die langweiligen Sachen delegieren und sich eingestehen, daß man selbst nicht mehr die Kraft hat." Sie ist überzeugt, daß sie, wie alle begeisterten Gärtner und Gärtnerinnen, durch die „göttliche Unzufriedenheit" beflügelt wird.

Die zweite dieser beiden Malerinnen ist Margaret Mee. Sie besitzt die Vorstellungskraft, die Energie, den Elan und die Individualität, die einen großen Illustrator ausmachen. Zwar folgt sie den Traditionen der Pflanzenjäger, doch während für diese die Krönung ihrer Arbeit darin bestand, in den Besitz äußerst seltener Exemplare aus den entferntesten Winkeln der Erde zu gelangen, um sie nach Großbritannien zu bringen, hat sie sich vor allem darum bemüht, sie zu erhalten und in ihrem natürlichen Habitat zu studieren.

Margaret Mee wurde 1909 geboren und absolvierte eine Ausbildung an der Camberwell School of Art bei dem Künstler Victor Pasmore. Unter anderem war sie in den dreißiger Jahren eine aktive und militante Gewerkschaftlerin. 1952 ging sie mit ihrem Ehemann nach Brasilien, wo sie als kommerzielle Künstlerin und Zeichenlehrerin arbeitete.

Mit 47 Jahren reiste sie zusammen mit einer Kollegin zum Wandern und Malen ins Amazonasgebiet. Sie hatten nicht viel Geld und Zeit, doch für Margaret Mee war es der Beginn einer großen Leidenschaft. Wann immer Sie es sich erlauben konnte, kehrte sie zum Amazonas und seinen Zuflüssen, insbesondere zum Rio Negro, zurück. Sie malte mit Gouachefarben. So nachlässig sie auch mit ihrem sonstigen Gepäck umging, ihr Papier und ihre Farben behandelte sie mit größter Sorgfalt. Meist war sie auf ihren wagemutigen Unternehmungen unzureichend ausgerüstet. Sie reiste mit öffentlichen Verkehrsmitteln, oft ohne Begleitung, und hatte häufig Probleme mit der Nahrungsmittelbeschaffung. Neben dem Hunger quälten sie Bisse und Stiche, einmal wäre sie beinahe ertrunken, und bisweilen wurde sie von weißen Siedlern tätlich angegriffen. All diese Gefahren hielten sie aber nicht davon ab, Pflanzen zu sammeln und sie in ihrer angestammten Umgebung zu malen. Dabei identifizierte sie mehrere neue Bromeliazeen- und Orchideenarten.

Margaret Mee führte ein Reisetagebuch, das später veröffentlicht wurde. Sie sprach sich entschieden gegen die Zerstörung der Regenwälder, die sinnlosen Rodungen, das Abschlachten von Vögeln und anderen Tieren und die Verelendung der einheimischen Indianerstämme aus. Sie war sehr sanftmütig und zurückhaltend und lehnte das Töten in jeder Form ab (allerdings mußte sie einen Revolver bei sich tragen und ihn auch einmal benutzen, um ihr Leben zu retten).

In Brasilien war sie eine Berühmtheit. Sie war mit dem außergewöhnlichen Landschaftsgärtner Burlo Marx befreundet, dem sie viele der von ihr gesammelten Pflanzen gab, und wurde von der brasilianischen Regierung geehrt. Gelegentlich kehrte sie nach Großbritannien zurück, um auszustellen,

OBEN UND LINKS
Margaret Mee beim Malen der Mondwinde vor Ort.

Freunde zu sehen oder sich medizinisch behandeln zu lassen. Unter anderem wurde ihr ein neues Hüftgelenk eingesetzt, was ihr die anstrengenden Expeditionen in den Urwald sehr erleichterte. Im Alter von 79 Jahren kam sie auf tragische Weise bei einem Verkehrsunfall in Leicestershire ums Leben.

Ihre Bilder sind phantastisch und unverwechselbar; nicht allein wegen der Exotik der Darstellungen, sondern auch wegen ihrer Kühnheit und Fülle. Ihr berühmtestes Bild, das sie kurz vor ihrem Tod vollendete, zeigt die Mondwinde, einen Kaktus, der sehr selten und nur bei Dunkelheit blüht, oft nicht einmal eine ganze Nacht. Margaret Mee sah ihn einmal 1964 in Blüte, konnte ihn aber damals nicht malen. Schließlich entdeckte sie ihn 24 Jahre später auf ihrer letzten Expedition am Rio Negro und malte ihn in einer Nachtsitzung beim Schein einer Taschenlampe.

Das Zeichnen und Malen von Blumen war einst das Gegenstück zu ihrer Kultivierung. Heute ist es als Kunstgattung ohne Belang und gilt als Hobby für Sonntagsmaler. Als Teil des großen botanischen Abenteuers aber spielt es eine wesentliche Rolle.

KAPITEL 8

BLÜHENDER HANDEL

Die Geschichte des Gartens ist auch die Geschichte seiner Pflanzen. Es waren die Züchter, die bestimmte Pflanzen selektierten, kultivierten, verkauften und in Umlauf brachten und damit das Gesicht der Gärten entscheidend modellierten. Die englischen Gärten lebten unter anderem von der Vielfalt ihrer Gewächse. Für den Gartengestalter Russell Page ist das auch eine Frage des Temperaments, der Ausdruck einer grundlegenden Vorliebe für „stetige Veränderung". Zum Temperament gesellen sich die Temperaturen. In gemäßigterem Klima kann man mit Tausenden von Pflanzen experimentieren. Doch der Wechsel der Jahreszeiten und das unbeständige Wetter machen die Experimente zum Glücksspiel. Die Jagd nach seltenen oder ungewöhnlichen Arten und der anschließende Kampf um ihre Erhaltung ist eine Leidenschaft englischer Gärtner.

John Harvey ist der größte Experte der Gärtnereigeschichte. Er sammelte Rechnungen und Testamente, richterliche Zahlungsaufforderungen, Urkunden und Verträge, Quittungen und Lieferscheine und zeichnete anhand dieser Dokumente die Geschichte der ersten Gärtnereien nach.

Deren Erfolg hing nicht nur von ihren botanischen Fertigkeiten ab; eine Rolle spielten auch die Nähe zur Stadt oder zu potentiellen Käufern, die

Beth Chatto hat in ihrem Garten verschiedene Habitate angelegt.
Hier der Wassergarten mit seiner üppigen Vegetation.

Verfügbarkeit von Transportmitteln, die Entwicklung des Welthandels und der Kolonien, aus denen neue Gewächse kamen, und die Trends in der Gartengestaltung. In seinem Buch *Early Nurserymen* beschrieb Harvey den typischen Werdegang von Pflanzenzüchtern:

> Nachdem sie in der Familie oder bei einem Gärtner, möglichst dem leitenden Gärtner eines großen Landguts, gelernt hatten, wurden sie seine Gehilfen. Irgendwann gründeten sie, sofern ihr Glück anhielt oder sie genügend gespart hatten, eine eigene Gärtnerei oder kauften sich bisweilen auch in eine solche ein … Nicht selten heirateten sie die Tochter oder Schwester eines anderen Gärtners, Pflanzenzüchters oder Botanikers.

Auch der Einfluß der Frauen ist zumindest in Einzelfällen historisch belegt. Sie waren Ehefrauen und Mitarbeiterinnen von Pflanzenzüchtern, manche hatten auch eine Gärtnerei geerbt. Im 17. Jahrhundert setzte eine gewisse Mrs. Tuggy die Zucht ihrer geliebten Gartennelken nach dem Tod ihres Mannes Ralph fort. Und 1726 vererbte James Pullen, ein Pflanzenzüchter aus Bristol, seiner ältesten Tochter Sarah „all meine Obstbäume, grünen Bäume, blühenden Bäume sowie Bäume und Blumen im Hausgarten“.

Oft wurden die Kataloge der Gärtnereien von den Ehefrauen oder Töchtern der Besitzer illustriert. John Loudon, Gartengestalter und Schriftsteller des 19. Jahrhunderts, beschreibt den Katalog der Gärtnerei Brentford als „wunderschön illustriert mit Zeichnungen nach der Natur“ von Elizabeth Ronalds, der Tochter des Pflanzenzüchters. In seiner *Encyclopädie des Gartenwesens* erwähnt Loudon auch Frauen, die sich in der viktorianischen Zeit auf andere Weise im Gärtnereibereich hervorgetan haben: Elizabeth Wheeler, „Pflanzenzüchterin und Samenhändlerin in Gloucester“, Ann Ford aus Exeter, eine Spezialistin für Bäume, Mary Rogers, die in Knutsford mit Blütensträuchern handelte, und Catherine Mullock, „Pflanzenzüchter und Saatguthändler“ aus Nantwich.

Frauen halfen in den Gärtnereien und nahmen bisweilen sogar das Heft in die Hand. Oft waren sie das Rückgrat des Unternehmens – und fanden dennoch kaum gebührende Anerkennung. Dabei erforderte die Leitung einer Gärtnerei laut Harvey durchaus Können und Geschick.

> Eine Gärtnerei verlangt zuallererst züchterische Qualifikation: die Fähigkeit, Samen zum Keimen, Pflanzen zum Wachsen und vor allem zum Blühen und Tragen zu bringen, und darüber hinaus eine Art in ihrer höchsten Vollkommenheit zur Schau zu stellen.

Mitunter muß man dafür jahrelang geduldig nach einer bestimmten Art Ausschau halten. Gärtnerische Kompetenz allein aber ist nicht alles, gefragt sind auch unternehmerische und marktstrategische Qualitäten. Erfolgreich ist der Gärtnereibesitzer, der:

> ... ein Unternehmen so führt, daß es ihm ... zumindest den Lebensunterhalt garantiert. Alle Einzelpflanzen beziehungsweise Gruppen müssen etikettiert werden, möglichst mit dem derzeit gültigen wissenschaftlichen Namen ... [jede Pflanze] ist [auch] ein Aktivposten, der in den Bestandsbüchern ein- und auszutragen ist ... und in den Rechnungen für die einzelnen Kunden beschrieben werden muß. Beschwerden dieser Kunden, Anfragen nach Informationen und Pflanzen, die nicht auf Lager sind, Verhandlungen mit Landbesitzern oder Maklern über den Grund für die Gärtnerei oder Erweiterungen, die Vorbereitung von Katalogen und Ausstellungsstücken, ... [die] Teilnahme an Versammlungen und Konferenzen: für all das muß Zeit gefunden werden.

Pflanzen und Geschäft – wie geht das zusammen? Für viele Frauen, die Pflanzen kultivieren und verkaufen, ist das Geschäft zweitrangig. Oft haben sie andere Einnahmen, und so ist die Pflanzenzucht weniger Sicherung des Lebensunterhalts als vielmehr ein Nebenprodukt anderer gärtnerischer Aktivitäten und einmal mehr ein Zeichen der Begeisterung für die Aufzucht und Hege von Pflanzen. Ein klassisches Beispiel für die totale Hingabe an den Garten ist Margery Fish, seinerzeit in Fachkreisen eine ebenso bekannte Persönlichkeit wie Vita Sackville-West.

Die meiste Zeit arbeitete Margery Fish als Chefsekretärin für den Herausgeber des *Daily Mail.* Damals interessierte sie sich nicht für Gärten. Mit Ende Vierzig heiratete sie Walter Fish, den Herausgeber des *Mail.* Sie kauften das East Lambrook Manor, einen Herrensitz in Somerset. Haus und Garten waren in schlechtem Zustand, und so machten sie sich an die

LINKS

Margery Fish in ihrem Garten in East Lambrook Manor. Hier zog sie ihre Jungpflanzen auf dem Fenstersims.

RECHTS

In einer schattigen Ecke blüht *Polygonatum.*

UNTEN

Der hinter dem Haus beginnende Weg. Zwar wirkt die Bepflanzung ländlich und völlig natürlich, doch ist ein wachsames Auge nötig, damit das Gleichgewicht zwischen den vielen sich selbst versamenden Arten gewahrt bleibt.

Arbeit. Er hatte sehr klare Vorstellungen und erwartete, daß sie auch so umgesetzt würden. Mit bewundernswertem Gleichmut beschreibt Margery Fish in ihrem Buch *We Made a Garden* ihre gemeinsame Arbeit.

> In diesem ersten Jahr der Arbeit im Garten lernte ich viel von Walter. Das erste … war, daß er erheblich mehr über das Thema wußte, als ich gedacht hatte.

Er meinte, der Garten verlange nach Form und Struktur und der schwere Lehmboden brauche reichlich Nährstoffe. Im Grunde aber war er ein Schönwettergärtner, „ein Mann der Dahlien, Rittersporne und Lupinen“. Viele der Gewächse, die Margery kaufte, gefielen ihm nicht. Was er nicht mochte oder für ungesund hielt, riß er einfach aus und ließ es auf dem Weg liegen, „aufgereiht wie tote Ratten“. Pflanzen von ihr, die ihn behinderten, trat er kurzerhand nieder. „Er scherte sich niemals um meine Pflanzen, und es machte ihm nichts aus, sie unter großen Erdhaufen zu begraben.“ Bei einem Londoner Auktionshaus kaufte er eine Ladung ausgestopfter Tiere, die er gleichmäßig verteilte. „Aus jeder Wand, drinnen wie draußen, ragten Köpfe, Geweihe und Hörner.“ Seine große Leidenschaft waren Dahlien. Sie waren sehr auffällig, die Farbe war ihm gleich. Sie wurden am 1. Mai und 1. November, den Feiertagen der Londoner Börse, gesetzt beziehungsweise ausgegraben, ihre Pflege hatte den Charakter von Zeremonien und Ritualen.

> Ich durfte schubkarrenweise Dung und Gießkannen voller Wasser holen, mehr aber traute er mir nicht zu. In späteren Jahren, als er die schweren Arbeiten nicht mehr machen konnte, mußte ich sie pflanzen, und er stand immer dabei, um zu sehen, ob ich nicht mogelte.

Der Tod Walters war für Margery Fish ein schwerer Verlust, für die Geschichte des Gartenbaues indes ein Glücksfall. Jetzt konnte sie ihre eigenen, ganz anderen Vorstellungen realisieren. Die Strenge der edwardianischen Gärten, die sie aus ihrer Jugend kannte, lehnte sie rundweg ab. Ihre Ideen bezog sie aus Cottage-Gärten mit ihrer naturnahen Bepflanzung aus einheimischen Arten – Storchschnabel, Christrosen und Primeln, die üppig gediehen und sich durch Selbstaussaat vermehrten. Die Wege verwandelten sich in Teppiche aus kleinen Kriechpflanzen. Zwar durfte in ihrem „Dschungelgarten“, wie sie ihn selbst nannte, alles üppig wachsen, doch legte sie dabei hohe Maßstäbe an. Sie wußte, wo was wuchs, achtete auf bestimmte Sämlinge, schuf kleine Freiräume für besonders anfällige Gewächse oder zog sie in Kübeln und Steintrögen. Das ganze sah pflegeleicht aus, tatsächlich aber war viel Arbeit und Aufmerksamkeit nötig, um das empfindliche Gleichgewicht zwischen so vielen konkurrierenden Arten zu wahren.

Margery Fish war eine begeisterte Pflanzensammlerin und wie so viele von Nancy Lindsay beeinflußt. Zusammen mit Phyllis Reiss von Tintinhull wurde sie von der benachbarten Mrs. Clive von Brympton d'Evercy zu Expeditionen mitgenommen. Diese stellte dafür ihren Wagen mit Chauffeur. Er mußte an kleinen Cottages anhalten, deren Garten möglicherweise eine längst verloren geglaubte Pflanze beherbergte. Außerdem war Margery Fish mit ‚Aunt May‘ Armory, einer Cousine der Amorys in Knightshayes, Devon, befreundet, die ihr viele Pflanzen gab. Sie entwickelte eine Passion für ungewöhnlich gestaltete, gefüllte und panaschierte Arten. Obwohl sie stets großzügig Pflanzen verschenkte, geizte sie im Alter mit Auskünften über deren Herkunft. Sie hatte immer einen Spaten und einen Sack in ihrem Auto. Ganz gleich, wohin sie unterwegs war und was sie anhatte, hielt sie sofort an, sobald sie irgendwo guten Laubhumus sah, und sammelte ihn ein.

Sie schrieb mehrere Bücher und machte Rundfunksendungen. Ihre direkte und lebhafte Art war sehr beliebt, und sie besaß außerordentliche Kenntnisse über Cottage-Gärten und die einheimische Flora. Man lud sie zu Vorträgen ein, bei denen die Zuhörer wie hypnotisiert lauschten. Zur Erläuterung zeigte sie Teile von Pflanzen aus ihren eigenen Beständen und verkaufte anschließend Jungpflanzen, die sie selbst gezogen und ebenfalls im Kofferraum ihres Wagens mitgebracht hatte. Sie war keine Materialistin, genoß es aber, mit ihren Büchern und Pflanzen Geld zu verdienen. Auf den Fenstersimsen ihres großen Schuppens standen Schalen mit Stecklingen und Sämlingen. Diese wurden dann eingetopft und in ihrer Gärtnerei verkauft. Ganze Reisegruppen besuchten nach Voranmeldung ihren Garten und kauften anschließend in der Gärtnerei ein.

OBEN

Beth Chatto bei der Pflege ihrer Stauden.

OBEN RECHTS

Auf ihrer geschützten Terrasse gedeihen in Töpfen halb winterharte Pflanzen.

Margery Fish bewältigte ein bemerkenswertes Arbeitspensum. Frühmorgens und dann wieder von Einbruch der Dämmerung bis tief in die Nacht schrieb sie. Dazwischen arbeitete sie im Garten. Dieses Tempo behielt sie beinahe bis zu ihrem Tod 1969 bei. Danach verkam der Garten zwangsläufig, inzwischen aber wird er restauriert und ist für die Allgemeinheit zugänglich. Die Gärtnerei gibt es noch immer. Sie ist heute straffer organisiert, verfügt über Gewächshäuser, Folientunnel und Zuchtbeete und beherbergt die nationale Storchschnabelsammlung.

Viele weitere Gärtnereien entstanden aus einer solchen Leidenschaft für Pflanzen. Eine der derzeit bekanntesten ist die von Beth Chatto. Als junge Frau war sie bekannt mit dem inzwischen verstorbenen Sir Cedric Morris, der zusammen mit John Nash, Mary Grierson und Constance Spry dem faszinierenden Zirkel von Malern und Gärtnern in Essex angehörte. Ihr Mann war Obstbauer, hatte sich aber auch mit der Ökologie von Gartenpflanzen befaßt und regte sie dazu an, bei der Wahl der Pflanzen die Umgebungsbedingungen zu berücksichtigen. Ursprünglich als Lehrerin ausgebildet, war sie nach der Geburt ihrer beiden Kinder ausschließlich Hausfrau und Mutter, was sie ab und an bedrückte. Mrs. Desmond Underwood von der benachbarten Gärtnerei Ramparts in Colchester nahm sich ihrer an. Sie war Kommunalpolitikerin, Inhaberin einer Victoria Medal of Honour und ansonsten eine wundervolle Frau. Da sie sich auf grau- und silberlaubige Pflanzen spezialisiert hatte, wurde sie allgemein die ‚Silberkönigin' genannt. Mrs. Desmond Underwood also holte Beth Chatto aus ihrem Hausfrauendasein heraus und überredete sie mitzuhelfen, in Colchester einen Club für Freunde von Blumengestecken ins Leben zu rufen. Bei der Zusammenstellung von Sträußen und Gestecken verwendete Beth Chatto ungewöhnliche Blumen, Blätter und Samenkapseln, die sie in ihrem Garten oder auch in freier Natur fand. Das Gärtnern war für sie immer wie eine Art Therapie.

> Für viele ist der Garten weit mehr geworden als nur eine ansprechende Erweiterung des Hauses. Er ist eine Form der Therapie. Die … Hingabe, die man aufbringen muß, und die Reaktion der Pflanzen darauf sind tröstlich und inspirierend zugleich und geben Halt in vielen Krisen, in die man im Laufe des Lebens unweigerlich gerät.

Beth Chatto eröffnete ihre Gärtnerei für ungewöhnliche Pflanzen 1967, nachdem ihr Mann mit dem Obstanbau aufgehört hatte. Das Gelände war für die landwirtschaftliche Nutzung ungeeignet:

> … einige Hektar Ödland in einer Senke zwischen zwei Gehöften … trockenes Geröll im oberen Bereich des Südhangs, nasser schwarzer Schlamm auf Lehm in der Niederung, und ganz unten ein Wassergraben, der von einer Quelle gespeist wurde.

Sie bauten ein Haus auf dem trockenen Geröllhang und begannen, ringsum einen Garten anzulegen, in dem sie ihre Lieblingspflanzen ziehen wollten. Über die Arbeiten schrieb sie zwei Bücher, die sich jeweils mit einem anderen Teil des Gartens befaßten: *The Dry Garden* und *The Damp Garden*. Einige ihrer Favoriten und deren Wuchsgewohnheiten beschreibt sie in dem Buch *Plant Portraits*, das von der bekannten Botanikkünstlerin Jill Coombs illustriert ist.

Die Gärtnerei stellte auch bei der Chelsea Flower Show aus und brachte Beth Chatto einige Goldmedaillen sowie die Victoria Medal of Honour ein. Sie baute den Betrieb langsam auf und stieg dann in den Versandhandel ein. Heute sind hier sechs Männer und elf Frauen fest und im Sommer zusätzliche Arbeitskräfte angestellt; die Bestände werden per Computer erfaßt. Beth Chatto ist nicht nur eine große Pflanzenliebhaberin und fachkundige Züchterin, sondern zugleich eine gewiefte Geschäftsfrau.

Die kleine, schmale Person ist ein Ausbund an Energie und Vitalität. Noch am kältesten Februartag, wenn eisige Nordostwinde über die trostlose Landschaft von Essex fegen, kann man sie draußen beim Pflanzen antreffen. Trotz allem findet sie die Zeit, um einen kleinen Gemüsegarten zu unterhalten, in dem sie Rauke, Feldsalat und andere weniger populäre Salatsorten kultiviert. Sie backt selbst Brot und kocht gern.

Sie nimmt ihre Arbeit ernst, anstehende Aufgaben werden sogleich erledigt. In ihrem *Garden Notebook* erzählt sie von einer Begegnung, die sie beim Blumengießen hatte. Ein kleiner Junge, der mit seiner Mutter die Gärtnerei besuchte, fragte sie:

> „Arbeitet Mrs. Chatto hier?"
> „Ja, das bin ich."
> „Aber Sie arbeiten ja. Sind Sie denn nicht berühmt? Ich dachte, Sie schrieben Bücher."
> „Sicher, manchmal sagen mir die Leute, daß ich berühmt bin, aber trotzdem bin ich doch ich selbst. Und Ruhm hin oder her, wir müssen diese Pflanzen retten. Hilfst du mir dabei und paßt auf, daß der Schlauch sich nicht um die Töpfe wickelt?"

Mit ihrer genauen Kenntnis der Herkunft und Ansprüche von Pflanzen und ihrer Fähigkeit, sie, oft an problematischen Standorten, harmonisch zu kombinieren, hat Beth Chatto wie vor ihr Margery Fish die heutige Gartengestaltung nachhaltig geprägt.

Gleiches trifft auf andere weniger bekannte Persönlichkeiten zu. Elizabeth Strangman von der Gärtnerei Washfield nahe Sissinghurst in Kent besitzt eine Sammlung seltener Gewächse, die passionierten Gärtnern die Sprache verschlägt. In den uralten Frühbeetkästen, die sie über das Gärtnernetzwerk unter anderem von Hilda Davenport-Jones, einer der ersten Absolventinnen der Reading University, und Vita Sackville-West erbte, sind die Pflanzen bestens aufgehoben. Elizabeth Strangman besuchte das Studley College und war nach kurzer Tätigkeit für Constance Spry jahrelang Assistentin von Miss Davenport-Jones. Sie leitet ihre kleine Gärtnerei mit nur einer Hilfskraft. Als Expertin für heikle Pflanzen ist sie unübertroffen. Neu ins Land gebrachte Arten, wie manche der Lerchensporne und

Sockenblumen aus China, werden ihr zur Vermehrung anvertraut. In jahrelanger mühsamer Arbeit, Handbestäubung eingeschlossen, entstehen neue Spielarten, etwa von Christrosen. Den Versandhandel hat sie aufgegeben und betreibt jetzt nur noch Direktverkauf. Man könnte ihre Gärtnerei mit einem Restaurant für Feinschmecker vergleichen, dessen Chefkoch mit großem Zeitaufwand Gerichte vervollkommnet, die von anderen bis dahin nicht einmal ausprobiert wurden.

Eine der neueren Gärtnereien, die Geschäftssinn mit großer fachlicher Kompetenz verbinden, ist Blackthorn in Hampshire. Ihr Stand bei der Frühjahrsausstellung der R.H.S. am Vincent Square in London ist ein Publikumsmagnet: die Pflanzen, zu dieser Jahreszeit vor allem Christrosen, sehen aus wie ein Bild von Redouté. Sue und Robin White bauten die Gärtnerei in sieben Jahren aus dem Nichts auf – eine moderne Erfolgsstory.

Sue White in ihrem neu angelegten Waldgarten. Ihre Gärtnerei erlaubt ihr nur selten solche Erholungspausen.

Sie hatten kein Geld und nicht viel Erfahrung, waren aber fest entschlossen, Pflanzen zu züchten. Robin White war ausgebildet in Gartenbau, seine Frau Sue dagegen brachte kein Fachwissen mit. Sie pachteten einen verwilderten, ummauerten Garten und begannen mit dem Anbau von Gemüse nach Aufzeichnungen aus der Collegezeit. Dann gingen sie zu Kräutern, Topfpflanzen und anderen ertragreichen Artikeln über, darunter auch Stechpalmenkränze zu Weihnachten, eine der schmerzhaftesten Arbeiten von Floristen. Als Großhändler belieferten sie alle Märkte, auf denen sie Fuß fassen konnten. Als sie genug gespart hatten, kauften sie ein Feld und bauten die Gärtnerei auf, wobei sie aus Geldknappheit zwei Jahre in einem Wohnwagen lebten.

Von da ab ging es stetig bergauf. Robin White hatte seit jeher für die Pflanzen gelebt und von ihnen geträumt, und auch Sue war von diesem Traum fasziniert. Ihre Arbeit war zugleich ihr Hobby. Sie kamen überein, daß eine Großgärtnerei, in der Hunderttausende von Stecklingen wie Batteriehühner aufgezogen wurden, allzusehr aufs Gemüt schlug. Ihnen ging es um die einzelne Pflanze. Sie schafften immer mehr Folientunnel an, bestäubten, den jeweiligen Anforderungen der verschiedenen Arten entsprechend, von Hand, mischten ihre Substrate selbst, entwickelten eigene Dünger und frischten Jahr für Jahr ihre Bestände an Mutterpflanzen auf. Außerdem experimentierten sie mit neuen Pflanzen. Sie begann Züchtungsversuche mit Steingartengewächsen. Beide arbeiteten von Tagesanbruch bis in die Nacht hinein.

Ihr Ziel war ein schneller Umschlag, da sie tadellose Pflanzen anbieten wollten. Allerdings war die Pflege so aufwendig, daß wenig Zeit für den Verkauf blieb. Zusätzliche Kräfte wollten sie nicht einstellen: „Je mehr Personal wir beschäftigen, desto weniger haben wir mit den Pflanzen zu tun und desto niedriger wird das Niveau.“ Daher riskierten sie es, nur freitags und samstags von März bis Oktober zu öffnen. Zu anderen Zeiten schickten sie jeden Besucher wieder fort, und den Versandhandel lehnten sie strikt ab. An den Verkaufstagen und bei den Vermehrungsarbeiten helfen ihnen Teilzeitkräfte. Ansonsten haben sie eine fest angestellte Assistentin. Jetzt, da sie bekannt sind, schickt man ihnen Stecklinge und Samen: sie sind ins Austauschnetz integriert.

Inzwischen sind die Zeiten der unermüdlichen Arbeit vorbei. Als Geld hereinkam, konnten die Whites ein Haus bauen und anfangen, einen eigenen Garten anzulegen. Sie haben sogar Urlaub gemacht. Sie versuchen, einen Tag in der Woche frei zu nehmen, was aber oft nicht klappt. Häufiger nutzt Sue White ihre wenige freie Zeit zum Einkaufen oder für einen Spaziergang mit dem Hund. Ihre intensive Zusammenarbeit und völlige Hingabe zahlen sich jetzt aus: „Wir haben all die Dreckarbeit gemacht, und nun ernten wir die Früchte."

Nicky's Rock Garden Nursery basiert auf einem anderen partnerschaftlichen Konzept, hier geht es zwangloser und unbeschwerter zu. Die Pflanzen stehen im Vordergrund, das Geschäft ist ein Bonus, der das Hobby finanziert. Bob und Diana Darle leben in einer Doppelhaushälfte nahe Honiton in Devon. Sie war Stenotypistin, er ist Schreiner und repariert antike Möbel. Früher hielten sie Vögel als Haustiere für ihre drei Töchter. Als das Vogelfutter irgendwann zu teuer wurde, kamen sie, eher zufällig, auf Steingartengewächse. Das ist elf Jahre her. Damals kauften sie auf dem Markt von Axminster sechs dieser Pflanzen, ohne überhaupt deren Namen zu kennen. Und schon hatte es sie erwischt. Sie kauften sich einen Pflanzenführer, identifizierten ihre sechs Exemplare – unter anderem als *Aethionema* x ‚Warley Rose' und *Veronica prostrata* – und orderten in einer Spezialgärtnerei eine weitere Wagenladung davon. Bob begann sich für die Vermehrung zu interessieren und improvisierte ein kleines Gewächshaus. Diana war für den Rest zuständig, unter anderem für die penibel geführte Pflanzenkartei. Von den verschiedenen Steingartengesellschaften, aus Amerika und von einzelnen Sammlern ließen sie sich Samen schicken.

Die Gärtnerei benannten sie nach ihrer jüngsten Tochter Nicky, um deren Interesse für Pflanzen zu wecken. Sie begannen mit dem Geschäft, weil sie Pflanzen übrig hatten und ihre Kosten decken wollten. Allerdings sind ihre Pflanzen, sogar Raritäten, äußerst preiswert, beinahe geschenkt. Sie verdienen sehr wenig. „Was arbeitsintensiv ist, bringt nie viel ein." Eine jede Pflanze wird zunächst im Garten herangezogen, und wenn dies glückt, werden von ihr Nachkommen gewonnen und eingetopft. Überall auf den Mauern, zwischen den Steinen und auf den Wegen ihres kleinen Gartens sprießt es in üppiger Fülle.

Sie haben 800 bis 1000 Steingartengewächse vorrätig, und es ist ihnen wichtig, jedes Jahr 200 neue Arten auszuprobieren. Mit wachsendem Bestand wächst auch ihre Bibliothek: immer wieder durchstöbern sie Antiquariate nach Büchern über Steingartengewächse. Sie betonen, daß es sich um ein Hobby handelt. Bücher und Steingartengewächse sind nach eigener Aussage ihre „beiden Laster". Sie strahlen Freude und gute Laune aus. Steingartengewächse sind ein beliebtes Gesprächsthema, und auch unangemeldete Besucher dürfen jederzeit ihren Garten und die Gärtnerei besichtigen. Sie fahren zu Versammlungen der Alpine Society und zu Gartenschauen in Südengland, bei denen sie manchmal auch selbst ausstellen und verkaufen.

Einer weiteren Gärtnerin aus Devon, Carol Klein, wird mitunter nachgesagt, sie habe das Erbe von Margery Fish angetreten. In ihrem kleinen Betrieb mit dem Namen Glebe Cottage Plants zieht sie zarte, empfindliche Gewächse, die sie bei verschiedenen Ausstellungen in gelungenen, farbenfrohen Kompositionen zeigt. Sie gewinnt damit eine Goldmedaille nach der anderen. Dennoch könnte ihr Background sich von dem Margery Fishs nicht stärker unterscheiden. Es ist fraglich, ob sie jemals in einem Wagen mit Chauffeur oder auch nur einem Taxi herumgefahren ist. Meist ist sie mit ihren Pflanzen in ramponierten Transportern unterwegs, die sie gewöhnlich mietet und die gern im unpassenden Augenblick ihren Geist aufgeben. In der Öffentlichkeit trägt sie Punk-Klamotten. Zu Hause gärtnert sie im Sommer in dürftiger Kleidung und Armeestiefeln ohne Socken und Schnürsenkel.

Carol Klein unterrichtete früher Kunst in Londoner Jungenschulen. Mit kleinen Gruppen fuhr sie zum Zeichnen und Photographieren nach Kew – damals betrug der Eintritt noch einen Pence. Ihr und den Jungen machte das viel Spaß; einige stehen heute noch mit ihr in Verbindung. Vor 14 Jahren, als sie von London genug hatte und mehr Platz haben wollte, zog sie nach Devon. Dort übte sie ihren Beruf noch einige Jahre aus, gab ihn aber schließlich auf und unterrichtete nur noch aushilfsweise, wenn sie dringend Geld brauchte.

Schon immer hatte sie eine Liebe für Pflanzen gehegt, hatte sich in London aber mit einem Blumenkasten im ersten Stock bescheiden müssen. Ihre

Carol Klein erklärt einem Besucher der Chelsea Flower Show voll übersprudelnder Begeisterung für die Farben und Formen von Pflanzen ihren Katalog.

Blumen hingen hinunter bis ins Erdgeschoß, was den Unmut ihrer Nachbarn heraufbeschwor. Glebe Cottage war sehr abgelegen und halb verfallen, ein kleines Steinhaus ganz oben auf einem sehr steilen Abhang. Der Viertelhektar Land um das Haus war hauptsächlich als Autofriedhof und nebenbei für die Haltung von Hühnern und Kaninchen in verdreckten Ställen genutzt worden. Zusammen mit ihrem Partner Neil mußte Carol 15 Tonnen Altmetall und diversen anderen Müll bewegen. „Ich habe den Großteil der Schwerarbeit gemacht. Einen Tag haben wir einen Bagger gemietet."

Sie hatten wenig Geld übrig und keine Beziehungen oder Kontakte zu Gärtnerkreisen. Während Neil sich auf die Renovierung des Hauses konzentrierte, befaßte sich Carol intensiv mit dem Garten, in dem damals nur Geißblatt und Veilchen wuchsen. Sie kaufte ein sehr kleines Gewächshaus für die Aufzucht von Stecklingen und Sämlingen und verpulverte ihre kostbaren Ersparnisse von £200 für Bäume und Sträucher.

Obwohl der Garten immer mehr an Bedeutung gewann, waren sie nach ihrer Einschätzung den beiden Töchtern „hingebungsvolle Eltern". Neil übernahm immer mehr die Hausarbeit und Betreuung der Kinder. „Er macht alles, wenngleich er es nicht immer gut macht ... !"

Sie begann mit dem Verkauf von Pflanzen auf dem Markt im Ort, wo sie die schon ältere Sonia Roffey traf, eine Blumenarrangeurin und wundervolle Gärtnerin. Carol hoffte immer ein bißchen, daß keine Kunden kämen, damit sie mehr Zeit zur Verfügung hätte, um mit Sonia über Pflanzen und Gärten zu sprechen.

Carol Klein leitete dann vier Jahre lang einen Abendkurs über Cottage-Gärten. Es war für sie eine positive Erfahrung. „Wir hatten so viel Spaß, die Leute glühten vor Begeisterung." Sie stellte ihre Pflanzen auch in der Umgebung aus und wagte einen Versuch bei den Schauen der R.H.S.

> Ich fuhr mit dem Bus zur R.H.S. Great Autumn Show. Die silberlaubigen Pflanzen der Gärtnerei Ramparts beeindruckten mich. Ich ging umher und redete mit den Leuten, schaute hinter die Standkulissen, stellte Fragen und fragte mich, ob ich das auch schaffen könnte.

Marina Christopher beim Umräumen ihrer ungewöhnlichen Pflanzen, die sie zusammen mit einem Partner in ihrer Gärtnerei Green Farm zieht.

Die Ausstellungen bieten Gelegenheit, sich einen Namen zu machen, mit anderen Gärtnereien in Kontakt zu bleiben, zu tauschen und Pflanzen zu verkaufen. Für Carol Klein hat sich diese Strategie bewährt, sie ist in ein Gärtnernetz integriert. Allerdings nahm sie, da ihre Gärtnerei so abgelegen ist, auch den Versandhandel auf. „Ich hasse es. Es ist zum Verzweifeln. In Buchhaltung bin ich ein hoffnungsloser Fall, absolut nutzlos." Sie bezeichnet sich selbst als völlig besessen.

> Man kann nur dann etwas aus dem Nichts aufbauen, wenn man alles andere ausschaltet und sich auf die Pflanzen konzentriert, sofern man genügend Energie dafür hat.

Am Ende zählen nur die Pflanzen und wie sie sich gegenseitig in ihrer Wirkung verstärken.

> Es ist eine Verallgemeinerung, aber Gärten von Männern muten wie Sammlungen von Pflanzen um ihrer selbst willen an, während die meisten Gärten von Frauen *Pflanzungen* sind, Pflanzen, die miteinander wachsen.

Im Sommer verschwindet Carol Kleins Cottage hinter blühenden Wistarien und anderen Kletterpflanzen, dann ist die Haustür nicht mehr zu sehen und zu benutzen. Der abschüssige, naturnah angelegte Garten ist erfüllt vom Summen der Bienen, herrlichen Düften und wogenden, farbenfrohen Blüten. Kaum zu glauben, daß hier bis vor kurzem noch kaum etwas wuchs.

Marina Christopher ist eine weitere Vertreterin der neuen Generation von Gärtnerinnen. Die kleine, zierliche Frau in Jeans und T-Shirt ist promovierte Botanikerin und Meeresbiologin und hatte ursprünglich eine wissenschaftliche Laufbahn geplant. Nach dem Studium fand sie keine passende Stelle, und so arbeitete sie vorübergehend auf einer Obstplantage. Dort erkannte sie ihren Hang zur Pragmatik und ihre praktische Ader. Sie begann sich für den Anbau zu interessieren. Nach kurzer Mitarbeit bei einer Studie über die Flora des Oxforder Kanals entschloß sie sich zu einer Teilzeitarbeit als Gärtnerin. Zufällig geriet sie an Miss Christie-Miller, die Steingartenspezialistin, die schon Valerie Finnis unterstützt hatte, und an Elizabeth Parker Jervis, ehemals Schützling von E. A. Bowles, der sie in ihrer kleinen Spezialgärtnerei auf Marten's Hall Farm beim Verkauf und bei den Vermehrungsarbeiten half. Für Marina Christopher war es eine lehrreiche Zeit. Danach versuchte sie, eine eigene Gärtnerei aufzubauen, in der sie einheimische Pflanzen verkaufte, die von Insekten bestäubt werden – eines ihrer Spezialgebiete. Die Startschwierigkeiten waren enorm.

Heute ist sie an einer anderen Gärtnerei, Green Farm, beteiligt, die auf halb winterharte Pflanzen und Sträucher spezialisiert und mit Jenkyn Place, dem vielbesuchten Garten in Hampshire, eng verbunden ist (ihr Partner, John Coke, ist der Sohn der Gartenbesitzer). Die Gärtnerei hat in jeder Hinsicht gute Verbindungen. Marina hat ihre praktische Sachlichkeit in das Unternehmen eingebracht, eine Ergänzung zum vorhandenen fachlichen Wissen. Sie erweitert die Angebotspalette, kümmert sich um Kunden und absolviert im Frühjahr und Sommer ein mörderisches Arbeitspensum.

Diese Frauen sind nur einige der vielen, die ein blühendes Gewerbe verkörpern. Im ganzen Land gibt es viele Dutzende kleiner Gärtnereien, die teils als Geschäft, teils als Hobby betrieben werden. Die Wege, die diese Frauen „mit einem Blick für Pflanzen" beschritten haben, sind ganz unterschiedlich. Maureen Iddon, eine Großmutter, die wie Beth Chatto Blumen arrangierte, betreibt in Southport mit ihrem Sohn, der heute in Nordengland für seine Blumenarrangements bekannt ist, eine kleine Gärtnerei. Im Norden von Scarborough lebt Pat Perry, die als Journalistin für die Lokalzeitung arbeitete, bis sie zufällig einen Sämling von *Osteospermum* entdeckte, ihn anmeldete und die Rechte zur Zucht erhielt; damit machte sie ein kleines Vermögen und konnte so neben der Teestube ihres Mannes eine eigene Gärtnerei eröffnen. Joan Fussey verwandelte ihren abgelegenen kleinen Landbesitz in den Mooren von North Yorkshire in einen Hort für manch seltene Arten. Und in dem schmalen Garten hinter dem Bungalow der Steingartenspezialistin Anita Thorp aus Leicestershire drängen sich Hunderte von Pflanzen. Es ist unmöglich, den Leistungen und Begabungen so vieler Frauen gerecht zu werden. Die profitorientierten Gartencenter und Großgärtnereien bieten gewöhnliche Pflanzen zu mehr oder weniger akzeptablen Preisen an. Die eigentlichen Impulse für dieses Geschäft aber gehen von jenen kleinen Unternehmen aus, die, voll von leidenschaftlichen Ideen, die Gartenwelt mit Leben erfüllen.

KAPITEL 9

BLUMEN UND FREUNDSCHAFT

Die ersten Gartenbauvereinigungen waren die Floristengesellschaften des 16. Jahrhunderts, die jeweils auf bestimmte Blumen spezialisiert waren: bis ins 19. Jahrhundert auf Anemonen, Tulpen, Aurikeln, Tazetten, Garten- und Federnelken, Hyazinthen und Ranunkeln und ab dann auch auf die ‚neuen Blumen' wie Dahlien, Stiefmütterchen und Chrysanthemen. Anfangs konzentrierten sich diese Gesellschaften um Norwich in Norfolk, wo sich hugenottische Weber angesiedelt hatten. Später breiteten sie sich weiter aus; in Paisley, Derbyshire und Sheffield entstanden Floristenclubs.

Man kam häufig, oft sogar wöchentlich, in den örtlichen Wirtshäusern und Schenken zusammen, um in geselliger Runde über die Pflanzen und ihre Kultivierung zu diskutieren und sie zu zeigen. Ein gängiger Trinkspruch der Paisley Florist Society lautete „Auf Blumen und Freundschaft". In Ruth Duthies Buch *Florists' Flowers and Societies* findet sich folgender Bericht über ein solches Floristenfest von 1770:

> Am vorigen Dienstag begab sich im ‚Dog' in Richmond Hill ein großes Fest der Gärtner oder vielmehr Floristen, zu dem 130 Teilnehmer erschienen; nach dem Essen stellten mehrere ihre Blumen zur Schau, und fünf ehrwürdigen und urteilsfähigen Richtern war anheimgestellt zu entscheiden, wessen Blumen die höchste Auszeichnung gebühre.

Church Hill Cottage in Kent ist einer der Gärten, die im Rahmen des National Garden Scheme für die Allgemeinheit geöffnet wurden.

Mitunter hatten die Gesellschaften eine heidnische Symbolfigur. Bei den Versammlungen der Paisley Florist Society stand die Göttin Flora als Statuette am Kopf des Tisches und wurde mit einem Trinkspruch bedacht. In den Annalen der Gesellschaft sind die Schwierigkeiten nachzulesen, die sich ergaben, nachdem die Figur 1804 zu Boden gefallen und ihr Kopf zerbrochen war.

> ... Es wurden Erkundigungen in einem namhaften Büstengeschäft angestellt ... in dem verschiedene kolossale und zwergenhaft kleine Köpfe ausgestellt waren, und sie ergaben, daß keiner von diesen geeignet war; nur das Haupt von Maria Stuart hätte, leicht abgeändert, passen können. Da es aber zwei Guineen kosten sollte, hielt man es für angebracht, vom Kauf abzusehen – vielleicht muß die arme Flora noch etwas länger kopflos bleiben.

Ende des 18. Jahrhunderts wurden Vorwürfe laut, die Floristenfeste entarteten zu Trinkgelagen und wären keine ernsthaften Veranstaltungen für Gärtner. Im folgenden Jahrhundert aber berichtete John Loudon, daß die Floristengesellschaften weite Verbreitung erlangt hätten. Als der Bedarf an professionellen Gärtnern wuchs, verdrängten allgemeine Gartenbaugesellschaften wie die Royal South London Floricultural Society und die Ipswich and East England Horticultural Society zunehmend jene, die auf eine bestimmte Blumenart spezialisiert waren.

In ihren Aufzeichnungen spielen Frauen keine große Rolle. Erst 1872 beschlossen die Paisley Florists, Frauen zu den Jahreshauptversammlungen zuzulassen, damit „die Mitglieder und ihre Ehefrauen und Liebchen sich am Tanze erfreuen" könnten. Vermutlich waren besagte Frauen und Liebchen im Hintergrund damit beschäftigt, die Blumen zu gießen, sie für Ausstellungen zu drahten, Tee und hilfreiche Vorschläge zu machen, und durften manchmal, als besondere Ehre, an den Festlichkeiten teilnehmen.

Seit den Anfängen der Floristengesellschaften haben sich zahlreiche Gartenbauvereine formiert. Der bekannteste unter ihnen, Trendsetter und Impulsgeber für die Gartengestaltung, ist die Royal Horticultural Society. Immer wieder wurde die Gesellschaft kritisiert als exklusiver Herrenclub mit Waldbesitz, als spießig, konservativ und anderes mehr. Heute mit wachsender Mitgliederzahl und gesicherten Finanzen in ihrer Hochblüte, kann sie etwas mehr Selbstkritik riskieren, und hin und wieder deutet sich bei der Jahreshauptversammlung sogar eine Kontroverse an, etwa über das Format ihrer Monatszeitschrift *Garden*. Rat, Vorstand und Medaillenträger rekrutieren sich vornehmlich aus Männerkreisen, während die Frauen die meisten Mitglieder stellen. Das ist für viele Organisationen typisch.

Gelegentlich gab es auch reine Frauenvereine, zum Beispiel die vor beinahe 100 Jahren gegründete und bis heute bestehende Women's Farm and Garden Association. Einige der Vereine verfolgten radikale Ziele. So propagierte Lady Eve Balfours ‚Soil Association' seinerzeit schon das biologische Gärtnern. Viele führen die Traditionen der ehemaligen Floristengesellschaften mit ihren festen Prinzipien der Präsentation und Bewertung fort. Von Rittersporn und Iris über Riesenlauch bis hin zu vielfarbigen Gartennelken gibt es strenge Kriterien dafür, was einen Preis verdient; die Aufnahme in die Jury ist dagegen keine besondere Auszeichnung. Viele dieser Vereine beziehungsweise Gesellschaften sind der R.H.S. angegliedert, die als ihr offizielles Sprachrohr fungiert.

Daneben gibt es die örtlichen Gartenvereine wie Harlow Carr Gardens in Harrogate, North Yorkshire. Seine Entstehung verdankt dieser Verein, der ursprünglich über ein 7,5 Hektar großes, von der Gemeinde Harrogate gepachtetes Grundstück verfügte, in erster Linie Colonel Hoare Grey (ehemals gärtnerischer Mentor von Vita Sackville-West). Nach seiner Pensionierung hatte er sich im Norden des Landes zur Ruhe gesetzt. Dort bemühte er sich für die Northern Horticultural Society um ein Gebäude für die Kultivierung von Pflanzen, die sich für nördliche Klimazonen eignen. Colonel Grey gehörte dem Gemeinderat von Harrogate an und löste Probleme auf schneidige Art. Kurzerhand wies er seine Freunde an, Pflanzen zu stiften und ihre Gärtner zum Umgraben des Grundstücks abzustellen. 1950 wurde Mr. Hare zum ersten leitenden Gärtner ernannt, sein Nachfolger wurde Geoffrey Smith. Allmählich dehnte sich der Garten auf 17 Hektar aus. Ein 1983 von der Countryside Commission gewährter Zuschuß ermöglichte den Umbau eines alten Badehauses in ein Studienzentrum mit Bibliothek; außerdem konnte man sich nun einen Ausbilder leisten. 1986 kamen ein Pflanzenzentrum und eine Teestube hinzu, später ein Verwaltungsblock.

Philippa Rakusen war eine der ehrenamtlichen Mitarbeiterinnen, die Colonel Grey seinerzeit für Harlow Carr gewinnen konnte. Seither war sie in verschiedenen Funktionen hier tätig. Sie erinnert sich, daß sie als Kind „völlig verrückt nach Blumen“ war. Trotzdem ging sie den üblichen Weg, heiratete, wurde Hausfrau und Mutter. Als ihre Kinder größer wurden, schloß sie sich in den Dreißigern einer der Spezialistengruppen in Harlow Carr an und erhielt die Aufgabe, alle gestifteten Rhododendren aufzulisten. Sie arbeitete mit der schon älteren Barbara Clough zusammen, die ihre betagten Eltern betreute. Barbara war an einer Tätigkeit außer Hause interessiert, in ihren Kreisen aber waren Berufs- und Karrierewünsche nicht akzeptabel. Eine Ehe hatte nicht zur Debatte gestanden. Nach dem Ersten Weltkrieg waren Männer Mangelware, und nur äußerst zielstrebige oder ausnehmend hübsche Frauen hatten gute Heiratschancen. Die Gärtnerei war ihr Ventil. Gemeinsam übernahmen die beiden Frauen weitere Aufgaben. Sie sahen nach den Gehölzen, beschrifteten, sammelten und verteilten Samen. Sie wurden in verschiedene Gartenkomitees und schließlich in den Rat von Harlow Carr aufgenommen. Als Barbara in den siebziger Jahren starb, war Philippa Rakusen am Boden zerstört, doch langsam versammelte sie eine neue Gruppe von Frauen um sich. Die gärtnerische Tätigkeit hatte zugleich eine soziale Dimension:

> Wir waren alle in den Vierzigern, unsere Kinder gingen allmählich aus dem Haus … der Gartenbau war der einzige Beruf, in dem Amateure wie wir akzeptiert waren.

Schließlich übernahm Philippa Rakusen die Leitung von Harlow Carr, wieder in ehrenamtlicher Funktion. Widerstrebend trat sie für eine stärkere Professionalisierung ein. Viele der Neuerungen in Harlow Carr wie das Ausbildungszentrum, ein Spielplatz, ein Museum und Musterbeete, unter anderem eines mit Gemüsen vom indischen Subkontinent, sind auf ihre Initiative hin entstanden.

Ihren eigenen Garten hat Philippa Rakusen als Waldlandschaft gestaltet. Im Schatten der Bäume gedeihen Pflanzen in verschwenderischer Fülle. Daß die romantische Anlage einiges an Arbeit erfordert, beweisen unter anderem die drei Komposthaufen und verschiedene Schuppen hinter dem Haus.

Philippa Rakusen zu Hause in Yorkshire in ihrem Garten.

Harlow Carr wurde von Colonel Hoare Grey für die Northern Horticultural Society als Schaugarten für Pflanzen gegründet, die kältere Klimazonen bevorzugen.

Neben den lokalen gibt es auch erfolgreiche nationale Vereine, die sich jeweils einem bestimmten Thema widmen. Die bekanntesten sind die Alpine Garden Society mit ihrer einstigen Galionsfigur Doris Saunders, einer namhaften Züchterin von Alpenveilchen, weiterhin die Hardy Plant Society, der National Council for the Conservation of Plants and Gardens und die Cottage Garden Society. Die Garden History Society mit ihrer energischen Leiterin Mavis Batey und der Tradescant Trust durchforsten alte Pflanzenlisten, Briefe und Tagebücher und stellen sogar Forschungen über frühere Gartenwerkzeuge an, um wie in einem Puzzle Gärten der Vergangenheit zu rekonstruieren.

Die Hardy Plant Society wurde erstmals 1910 gegründet, hielt sich aber nicht. Alan Bloom erweckte sie 1956 zu neuem Leben. Bis 1961 führte sie ein Schattendasein mit 220 Mitgliedern, trotzdem war es schwierig, sie auf ehrenamtlicher Basis zu organisieren. Die Rettung kam in Gestalt von Miss Pole und Barbara White, die als Vorsitzende beziehungsweise Schriftführerin die Gesellschaft aufbauten. Ihre Ziele sind:

> … die Kultivierung, das Studium und die Verbesserung von Stauden, ausgenommen Steingartengewächsen, zu fördern … und zu verhindern, daß ältere, seltenere und weniger bekannte winterharte Arten in Vergessenheit geraten und für den Gartenbau verloren gehen.

Den größten Aufschwung erfuhr die Gesellschaft durch den *Plant Finder*, der über 40 000 in Großbritannien gehandelte Pflanzen in alphabetischer Reihenfolge vorstellt. Mit diesem Führer können leidenschaftliche Gärtner mit Hilfe von Querverweisen im ganzen Land Pflanzen aufstöbern – ein Marketing-Coup, zumal jede noch so kleine Gärtnerei, die eine Originalentdeckung zu vermelden hat, in dem Buch zu finden ist. Erstmals von Mitgliedern der Gesellschaft in Nottingham zusammengestellt, ist der *Plant Finder* heute ein anerkanntes Nachschlagewerk.

1987 wurde Jean Sambrook Generalsekretärin und behielt dieses Amt bis zu ihrer Ablösung durch einen bezahlten Verwalter 1992. Unter ihrer Leitung stieg die Mitgliederzahl von 2000 auf 8000. Sie ist Technikerin an einer Schule, bezeichnet sich selbst aber als verhinderte Gärtnerin. Schon als Kind interessierte sie sich für den Garten und ließ jede Woche bei Woolworth ein Sixpence-Stück für Löwenmäulchen und Stiefmütterchen. Heute leitet sie einen Gartenclub in ihrer Schule, in der sich auch eine der nationalen Sammlungen befindet. Wie viele andere hier vorgestellte Frauen begann sie als Blumenarrangeurin, empfand diese Tätigkeit aber als zu wettbewerbsorientiert, „eine Welt für Damen mit viel Zeit, von denen einige pikiert reagierten, wenn sie verloren". Lieber arbeitete sie mit den Kindern ihrer Schule an einer Sammlung von Lichtnelken. Die Kinder nahmen an einem Naturschutzwettbewerb teil und gewannen £2000, die in ein schuleigenes Gewächshaus investiert wurden.

Effizienz zeichnet auch Jane Taylor aus, die Initiatorin der nationalen Pflanzensammlungen. Als Kind hatte sie gegärtnert, später, als Geschäftsfrau, aber kaum noch. Nach ihrer Heirat zog sie 1974 mit ihrem Mann in eine „trostlose, wenig reizvolle Landschaft". Obwohl die Einheimischen ihr sagten, der Boden, hauptsächlich Schlacke vom inzwischen weitgehend eingestellten Kohleabbau, sei nicht zu bearbeiten, machte sie sich daran, einen Garten anzulegen. Sie wollte nicht bis ans Ende ihrer Tage „dieses gräßliche Nichts" vor Augen haben. Zusammen mit ihrem Mann säuberte sie den Grund, umzäunte das Gelände, besserte den Boden mit Humus auf, säte Gras und pflanzte Narzissen. Was mit Spitz- und Breithacke begann, entwickelte sich zu einem kleinen Paradies voll ungewöhnlicher Pflanzen in geschickten Arrangements. Jane Taylor schrieb:

> Nach Jahren in der heuchlerischen Geschäftswelt war es erfrischend für die Seele, daß wir uns selbst finden konnten, und sei es nur in den Randbezirken, einem Teil der warmen und freundlichen Gartenwelt.

Aufgrund ihres überzeugenden Debüts bot der National Trust Jane und ihrem Mann 1982 den Coleton Fishacre Garden in Devon an. Als der Garten noch Rupert D'Oyly Carte gehört hatte, gediehen hier zahlreiche empfindliche Sträucher, inzwischen aber war er stark heruntergekommen. Die beiden begannen mit der Wiederherstellung und Neubepflanzung. Zur gleichen Zeit schloß sich Jane Taylor, die Mitglied des National Council for the Conservation of Plants and Gardens war, einer Bewegung an, die auf jeweils separaten Flächen Pflanzen einer bestimmten Gattung oder Familie zusammentrug und so eine Art lebendes Museum schuf. Die nationalen Sammlungen von Fackellilien und *Watsonia* fanden in Coleton Fishacre ein Zuhause, und über einige andere schrieb Jane Taylor in *Collecting Garden Plants.*

Während die nationalen Sammlungen heute vom Garten der R.H.S. in Wisley, Surrey, aus verwaltet werden, stützte man sich zunächst auf

RECHTS

Sophie Hughes betreut die nationale Federnelkensammlung. Als sie und ihr Mann den Garten übernahmen, war hier nur „Gestrüpp".

GANZ RECHTS

Coldham in Kent ist ebenfalls in das National Garden Scheme einbezogen. Mit seinen Steingartengewächsen, zieht der Garten zahlreiche Besucher an.

ehrenamtliche Mitarbeiter. „Anfangs wurde fast jeder mit offenen Armen willkommen geheißen ... heute sind wir wählerischer, denn unsere Sammlungen sollen tipptopp sein." Die Inhaber von Sammlungen werden von der Organisation beraten. Man erwartet von ihnen, daß sie Grundlegendes über die Pflanzen in Erfahrung bringen, ihre Ursprünge ergründen und sich mit der Problematik der Nomenklatur vertraut machen. Die nationalen Sammlungen sind im Besitz von Privatpersonen, von Gartenvereinen, – etwa die Heidekrautgewächse in Harlow Carr, die Lichtnelken in Jean Sambrooks Schule – sowie von Gärtnereien und Kommunalbehörden. Insgesamt gibt es mehrere hundert Sammlungen, die in einer Publikation von Wisley aufgelistet sind.

Als Jane Taylors Mann starb, wollte sie in Coleton Fishacre nicht allein weiterarbeiten. Sie kam zu dem Schluß, daß sie „im Grunde ein Stadtmensch" sei, und zog wieder nach London. Ende Vierzig heiratete sie ein zweites Mal und konvertierte zum Islam. Saba Risaluddin, wie sie jetzt heißt, veröffentlicht nach wie vor ihre außerordentlich gut recherchierten und exzellent geschriebenen Gartenbücher (obwohl ihr Garten sich inzwischen auf einen Blumenkasten vor dem Fenster mit Pflanzen aus dem örtlichen Gartencenter beschränkt). Zugleich engagiert sie sich in Fragen der Beziehungen zwischen verschiedenen Konfessionen und der Gleichberechtigung. Mit ihrem jetzigen Ehemann gründete sie die Calamus Foundation, eine eingetragene Wohltätigkeitsorganisation, die sich für mehr Verständnis zwischen Juden, Moslems und Christen einsetzt, und sie ist stellvertretende Vorsitzende der Islamic Human Rights Group.

Die nationale Sammlung von Federnelken wird von Sophie Hughes betreut. Wie Jane Taylor geht sie zwei Berufen gleichzeitig nach: tagsüber ist sie Sozialarbeiterin in leitender Position, in ihrer Freizeit Gärtnerin und Autorin. Vor 15 Jahren zog sie mit ihrem Mann von London nach Herefordshire. Was sie dort vorfanden, war eine „große Ansammlung von Gestrüpp“. Sie verstand sehr wenig vom Gärtnern, besaß „überhaupt keine visuelle Vorstellungskraft“, hatte aber aufs Land ziehen wollen, um eine Familie zu gründen. Ihr Mann plante den Garten, und sie bepflanzte ihn. Dabei begann sie sich für Federnelken zu interessieren, und Jane Taylor regte sie dazu an, die nationale Sammlung zu übernehmen.

Sophie Hughes hatte zwei Kinder, trotzdem wurden die Federnelken für sie zu einem packenden Hobby. Die „Welt verrückter Gärtner" war ein Gegengewicht zu Mutterschaft und Hausfrauendasein. Sie tauschte Pflanzen, machte alte Sorten ausfindig und bekam „Briefe in zittriger Handschrift von älteren Leuten" über lang vergessene Schätze. Sie erhielt Stecklinge, schrieb ein Buch über Feder- und Gartennelken und eröffnete eine kleine Gärtnerei. Die verfrühte Werbung in einem Magazin löste eine Flut von Bestellungen aus – man schickte ihr 6000 Briefe, die sie alle nach und nach bearbeitete. Freunde und andere junge Mütter kamen, um zu helfen. Für die Frauen war die gemeinsame Arbeit wie eine Therapie, während sie Pflanzen vermehrten und sie für den Versand verpackten.

Der Garten erlangte Berühmtheit und wurde für die Allgemeinheit geöffnet. Er war geschickt angelegt und bepflanzt und hatte einen vertieften Bereich sowie einen großen Teich mit einer Grotte darunter. Anders als in so vielen Gärten blieb auch Platz für Kinder. Ein kleiner Hügel mit einem Bogen am Ende des Gartens diente ihrem Sohn und seinen Freunden als Piste, die sie mit ihren Fahrrädern hinuntersausten.

Schließlich beschloß Sophie Hughes, ihren ursprünglichen Beruf wieder aufzunehmen, und tauschte mit ihrem Mann die Rollen. Jetzt bleibt er zu Hause und führt die Gärtnerei. In der Arbeit spricht sie nicht über ihre gärtnerischen Aktivitäten. Allerdings hat sie den Eindruck, daß beide Bereiche sich gut ergänzen und die Arbeit im Garten und die Freude, die sie daraus bezieht, einen Ausgleich für den beruflichen Streß darstellen.

Der bekannteste aller Garten-‚Vereine' ist das National Gardens Scheme. Im Rahmen seines Programms stehen private Gärten meist für einen, zwei Tage im Jahr, manchmal auch öfter, der Allgemeinheit offen, und die eingenommenen Gelder fließen wohltätigen Zwecken zu. Einige der Gärten bieten Tee an und verkaufen Pflanzen. So manche kleine Gärtnerei begann mit Verkaufsständen bei diesen Tagen der offenen Tür. Abgesehen davon, daß ein solcher Gartenbesuch einen vergnüglichen Nachmittag verspricht, bekommt man ein Bild davon, wie andere Gärtner mit Pflanzen umgehen, und erhält praktische Anregungen für die Gartengestaltung. Aus den kärglichen Anfängen 1927 wurden inzwischen über 3000 Gärten im ganzen Land, die in *Gardens of England and Wales*, Eingeweihten als

'Yellow Book' bekannt, einzeln kurz beschrieben sind. Jede Grafschaft hat einen eigenen Beauftragten, der Gärten besichtigt, die Eigner ermutigt, sich dem Projekt anzuschließen, und die lokalen Verwaltungsaufgaben erledigt. Das Projekt bietet Gelegenheit, Gärten in der Umgebung miteinander zu vergleichen, die, anders als die herrschaftlichen Anwesen oder Besitztümer des National Trust auch für Normalsterbliche zu realisieren sind. Frauen stellen in der Organisation die überwältigende Mehrheit, was jedoch keine Absicht ist. Sie organisieren den Besuch von Frauen in Gärten ihrer Geschlechtsgenossinnen. Vita Sackville-West, die Sissinghurst erstmals für das Projekt der Allgemeinheit öffnete, beschrieb ihre weiblichen Besucher als „… schlichte Seelen, … die genauestens ein Etikett studieren und in einem billigen Heft Notizen machen". Wenn Männer erscheinen, dann anscheinend oft „im Schlepptau", als passive und manchmal unwillige Chauffeure oder Begleiter.

Kent ist eine der Grafschaften, in denen das Projekt besonderen Widerhall findet. Die letzte Beauftragte, Carolyn Hardy, war unermüdlich auf der Suche nach allen möglichen interessanten Gärten jeglicher Größe und Ausrichtung, ob sie nun auf Begonien, Steingartengewächse, Rhododendren oder andere Arten spezialisiert waren. Sie überredete viele anfangs zögerliche Besitzer zur Teilnahme an dem Programm und vertrat die Meinung, daß kleine Gärten Besuchern genausoviel zu bieten hätten wie große Anlagen und daß sich noch in der hintersten Ecke gärtnerisches Können zu offenbaren vermöge. Den gleichen Ansatz verfolgt die jetzige Beauftragte, Elizabeth Fleming, die jedes Jahr neue Gärten hinzugewinnt. Dank solchen energischen Engagements blühte das Projekt auf und legte sein frommes Teestuben-Image ab.

Jeane Rankin, eine Gärtnerin aus London, hat sich soeben dem Programm angeschlossen und ihren Garten erstmals geöffnet, um andere an ihren Kenntnissen teilhaben zu lassen.

Bei Teegeplauder und Partystimmung sammelt Jeane Geld für wohltätige Zwecke. Diskussionen, Forschung, Artenschutz, Lobbyismus, Solidarität und reines Vergnügen – damit sind die Gartengesellschaften von heute von den einstigen Floristenfesten nicht so weit entfernt. Noch immer ist das Gärtnern ein Anlaß zum Feiern.

8 9

KAPITEL 10

LEBEN UND KREATIVITÄT

Wenn die Welt zum Überdruß wird und die Gesellschaft nicht mehr zufrieden stimmt, dann gibt es immer noch den Garten." Dieses Zitat der frühen amerikanischen Gartenschriftstellerin Minnie Aumonier hebt einen gewichtigen Aspekt hervor: die Bedeutung des Gartens als Stätte der Zuflucht. Und doch ist der Garten mehr als nur ein Rückzugsort. Er ist eine Arena im positiven Sinne, in der man seine eigene Vorstellung von der Natur umsetzen, experimentieren, Entwicklungen steuern, seiner Sammelleidenschaft frönen und einen Raum gestalten kann. Natürlich lassen sich die Unterschiede von Männern und Frauen in der Gartenarbeit nicht auf einen allgemeinen Nenner bringen. Frauen sind oft stärker ans Haus gebunden als Männer. Der Garten bietet ihnen seit jeher Gelegenheit, ihre Talente direkt vor der eigenen Haustür auszuleben, ohne für unweiblich gehalten zu werden. Doch auch hier zeichnet sich allmählich ein Wandel ab, da immer mehr Frauen ihren Lebensunterhalt selbst verdienen.

Dieses Buch will nicht als feministisch verstanden werden, und auch viele der in ihm porträtierten Frauen würden jedes diesbezügliche Interesse oder Anliegen von sich weisen. Allerdings gewinnt die Beschäftigung mit der Geschichte von Gärtnerinnen unweigerlich eine soziale Komponente. Warum traten die Frauen früher nicht in Erscheinung? Warum sind

In York Gate, einem Garten in Yorkshire, bilden Objekte eine gelungene Ergänzung zu der geschickten Bepflanzung.

sie heute unübersehbar? Bekommen sie die gebührende Anerkennung? Daß das Gärtnern als Kunst anzusehen ist, kann man in allen einschlägigen Publikationen nachlesen. Heikler ist schon die These, es sei eine weibliche Kunstform, ein Bereich, in dem Frauen dominieren und sich auszeichnen.

Dieses letzte Kapitel befaßt sich mit einigen zeitgenössischen Gärten. Willkürlich ausgewählt, repräsentieren sie weder Reichtum noch Beziehungen. Aber sie spiegeln die zutiefst empfundene Freude, das Engagement, den kultivierten Geschmack und die Phantasie ihrer Besitzerinnen.

Der lange, schmale, an eine georgianische Terrasse anschließende Garten von Lucy Gent in London hat viel Aufmerksamkeit erregt. Sie war Dozentin für englische Literatur und entwickelte dann eine Leidenschaft für Pflanzen und Gartengestaltung. Wie so viele andere wurde sie durch Sissinghurst inspiriert, das einem „wirklich die Augen öffnet", daneben gibt es aber auch unmittelbarere Einflüsse. Ihre Nachbarin, eine Übersetzerin für Lettisch, hat in ihrem eigenen Garten versucht, ihre Kindheitserinnerungen an Wiesen in ihrer lettischen Heimat wieder aufleben zu lassen. Dieser Gartenstil und

In ihrem langen, schmalen Londoner Garten frönt Lucy Gent nicht nur ihrer Leidenschaft für Pflanzen. Sie versteht sich zugleich als Landschaftsarchitektin und trägt entsprechend auch der räumlichen Wirkung und den Proportionen Rechnung.

die intensive Verwendung krautiger Gewächse hat Lucy bewogen, ihre eigenen Vorlieben zu überdenken. „Ich wurde mit Sträuchern groß, und dann regte Ruth mich dazu an, krautige Arten zu kultivieren." Einfluß nahm auch Valerie Finnis, ihre Gartenmentorin, deren meisterhafter Umgang mit Pflanzen noch heute Bewunderung hervorruft.

Lucy Gent entdeckte ihr Interesse für Gartengestaltung, für die Harmonie zwischen Pflanzen und den übrigen Materialien, und sie nahm die Herausforderung an, die das schmale Rechteck ihres Gartens an sie stellte. Zwischen Landschaftsarchitekten und Gartenbauexperten herrscht in Großbritannien ein gespanntes Verhältnis. Beide werfen sich gegenseitig vor, die Pflanzen beziehungsweise die gestalterische Komponente in ihrer Bedeutung zu unterschätzen. Lucy Gent bemüht sich, beide Faktoren einzubeziehen. Sie achtet auf senkrechte und waagerechte Spannungsbögen, die Dimensionen, die Wirkung des Gartens aus verschiedenen Blickwinkeln und unterschiedlichen Höhen. Von einem erhöhten Fenster aus begutachtet sie die Laubbaldachine: „Ich mag fließende Formen." Sie besitzt einige ganz besondere Gewächse, doch beschäftigt sie sich zunehmend mit der Blattform und -farbe: „Ich mag das Gartengrün nicht, es ist mir zu durchschnittlich."

Sie ist mit Thelma Kay befreundet, die in einem Vorort von Manchester einen Bungalow mit einem angrenzenden kleinen, L-förmigen Garten besitzt. Er birgt eine Vielzahl von Raritäten, die Thelma Kay meist auf Auslandsreisen selbst gesammelt hat. Sogar in Südengland gedeihen normalerweise nur wenige von ihnen im Freien. Thelma Kay war Krankenschwester und hatte nach eigener Aussage „nicht die geringste Ahnung vom Gärtnern". In einem Schrebergarten baute sie Gemüse an und entdeckte dabei ihr Interesse für Pflanzen. Auch sie wurde durch Sissinghurst inspiriert und erinnert sich noch heute an ihren ersten Besuch dort. Sie begegnete Vita Sackville-West, die zu ihr sagte: „Sie sind etwas jung für das Gärtnern, es kommt mit dem Alter, wissen Sie."

Thelma Kay wurde Stadträtin von Manchester und Friedensrichterin und lernte in einem Kursus das Hutmachen. Danach entwarf sie nebenher extravagante Kopfbedeckungen, die sich gut verkauften und das nötige Geld für ihre Gartenexkursionen ins Ausland einbrachten. „Wenn ich genug

RECHTS
Thelma Kay in einem bezaubernden selbstgemachten Hut. Vor ihr entfaltet ein namenloser Bartfaden, den sie auf einem Parkplatz eingetauscht hat, seine Blütenpracht; links wächst *Incarvillea delavayi*, eine von vielen empfindlichen Pflanzen, die sie in ihrem Garten in Manchester kultiviert.

RECHTS
Sybil Spencer in einer grünen Laube in York Gate. Steine und Mauerwerk ziehen sich als wesentliches Element durch den gesamten Garten, ebenso die beschnittenen immergrünen Gewächse.

zusammengespart habe, fahre ich einfach los – nach Kaschmir, zu den Galapagosinseln, nach Ecuador, Japan, Australien und Brasilien." Inzwischen 70 Jahre alt, macht sie noch immer Hüte und besitzt zu jedem Kleid ein passendes Modell. Neben dem Reisen ist das Lesen ihre Passion. Ihr Garten ist gründlich gehackt und gedüngt, und sie hat diverse Bereiche mit verschiedenen Mikroklimata, Formen und Bodenbeschaffenheiten gestaltet. Hier finden ihre Pflanzen die geeigneten Bedingungen vor. Eine Gartenmauer aus Beton speichert die Sonnenwärme, und durch einen Anbau am Bungalow entstanden zusätzliche Südnischen. Im Winter werden die Pflanzen mit alten Kleidungsstücken abgedeckt.

Alle ihre Gewächse werden sorgfältig gehegt, aufgebunden und beschnitten. Der Garten ist außerordentlich gepflegt und quillt über von Pflanzen. Die Übergänge zwischen den einzelnen Bereichen sind äußerst gelungen, der kleine Rasen ist perfekt. Noch immer erledigt Thelma Kay die gesamte Gartenarbeit selbst. Nur beim Errichten der Mauer und beim Anlegen eines Steinweges nahm sie je Hilfe in Anspruch.

Jenseits der Pennines in Leeds gibt es zwei weitere bekannte und vielbesuchte Gärten. Auf Sybil Spencers halbem Hektar Grund findet man einen Obstgarten mit Teich, eine Laube, eine Nadelholzpflanzung im Miniaturformat, ein kleines, bewaldetes Tal mit Bach, ein architektonisches Phantasiegebilde, einen von Nußsträuchern gesäumten Weg, ein Päonienbeet, Irisrabatten, eine Farnrabatte, einen Kräutergarten, ein Gartenhaus, eine Allee, einen Weiß-und-Silber-Garten, ein gepflastertes Labyrinth und einen Gemüsegarten. Das hört sich an, als hätte sie alles vollgestopft, wie es nur die Engländer können, aber dem ist nicht so. Vielmehr löst sich in dem zauberhaften Garten ein Thema im nächsten auf, und ausgefallene antike Stücke werden von den Pflanzen in Szene gesetzt oder in ihrer Wirkung gemildert. Selbst an einem neblig-trüben Herbsttag fasziniert der Garten mit seinen vielfältigen Formen und vignettenhaften Elementen.

Sie schuf den Garten zusammen mit ihrem Mann und ihrem Sohn. Leider sind beide schon gestorben, doch wahrt Sybil Spencer das Aussehen und die Stimmung des Gartens, wie sie sie kannten. Ihr Mann „gestaltete das Gerippe des Gartens", und ihr Sohn Robin füllte ihn mit Objekten.

> Ich sagte, was ich gerne hätte. Einen Kräutergarten, einen Weiß-und-Silber-Garten, einen Teich, und einer von meinen beiden Männern entschied, wo es hinkommen und wie es aussehen sollte ... Ich war die Pflanzerin, setzte Sträucher, Bäume, Mehrjährige.

Ihr Sohn lehrte sie, wie man Objekte im Garten plaziert.

> Robin hatte die wundervolle Begabung, Dinge ausfindig zu machen, Antiquitäten, die in seinen Augen in den Garten passen könnten, und er war ein sehr langsamer Denker. Nichts wurde auf Rasterpapier aufgemalt, sondern er konnte freihändig zeichnen und legte es mir dann vor und sagte: „Mutter, was hältst du davon?" ... Es war immer richtig, und so sagte ich ihm meist, er solle loslegen ... aber es bestand die Gefahr, daß er den Garten überlud. Er konnte es nicht lassen, zu entwerfen und zu gestalten ... in diesem Punkt brachte ich ihn etwas zur Räson.

Wie so viele andere hat sich Sybil Spencer ihr Wissen durch Lesen, Experimentieren und Besuche anderer Gärten selbst angeeignet. Zwar hatte sie schon immer einen Garten gehabt, doch erst in York Gate brach ihre Leidenschaft hervor. Unkrautjäten wurde zu ihrer beliebtesten Freizeitbeschäftigung und das Gärtnern zum festen Bestandteil ihres Tagesablaufs. „Wenn ich nicht etwas im Garten tue, ist es irgendwie ein trüber Tag." Und wie andere Frauen genießt sie die Kontakte und Geselligkeit, die das Gärtnern mit sich bringt.

Frieda Brown ist ebenfalls in Leeds zu Hause, wo sie in einer Siedlung am Stadtrand ein Haus mit einem kleinen, unregelmäßig geformten Garten dahinter bewohnt. Als sie 50jährig hierher zog, hatte sie noch nie einen Spaten in der Hand gehabt. Ihre Kindheit hatte sie im Londoner East End zugebracht. Ackerwinden, die durch den Asphalt wuchsen und sich um die Zäune schlangen, waren die ersten Blumen, die sie bewußt wahrnahm. Sie hatte die Kunstakademie besucht, ihr Mann Joe war Ingenieur, und als sie 1963 ihr neues Haus bezogen, hatten beide eine Ganztagsbeschäftigung.

Ihr erstes Schlüsselerlebnis war der Wettbewerb ‚Flowers for Leeds', den das Wohnungsamt von Leeds zusammen mit der *Yorkshire Evening Post* veranstaltete. ‚Fließende Linien, Wasser und Stein' war das Thema, das sie für die Gestaltung ihres Gartens wählten. 1972 gewannen sie einen silbernen Pokal, was sie weiter anspornte. Sie erwarben ein zusätzliches Stück Land am unteren Ende des Gartens, schlossen sich der Northern Horticultural Society an und besuchten die Harlow Carr Gardens. Dies war ihre zweite wichtige Etappe. Sie begannen, Gartenbücher zu lesen, und errichteten ein 1,80 x 2,45 Meter großes Gewächshaus zur Vermehrung und Überwinterung ihrer Pflanzen. Der dritte entscheidende Schritt war ihr Beitritt zur Hardy Plant Society.

Je mehr sie ihren Horizont erweiterten, desto schöner wurde auch ihr Garten. Joe war der Arbeiter und schleppte alle möglichen Materialien – Stein, Schmiedeeisen und Marmor – an, die er irgendwo auftrieb. Frieda war die Planerin und Pflanzerin. Für Besucher macht sie sich stets schick, aber im Garten „sehe ich aus wie ein Fräulein Rübezahl – abgeschnittene Hosen und grundsätzlich keine Handschuhe". Sie hat sich auf Clematis spezialisiert, von der sie über 60 Sorten kultiviert, sowie auf andere Kletterpflanzen wie *Passiflora caerulea* und die bekanntermaßen schwierige *Rhodochiton atrosanguineum*. Es gibt zwei Teiche, Kübel mit Alpenpflanzen und einen richtigen Steingarten sowie eine beeindruckende Farnsammlung. Ein Nachbar hat einen Teil seines Gartens als „Krankenstation" und Vermehrungsbeet zur Verfügung gestellt, dafür wird der Rest mitgepflegt. Der Garten der Browns ist sehr geschickt angelegt. Verschiedene Ebenen und verbindende Materialien, Steinmauern und -wege, Plastiken und andere Zierelemente lassen den Garten viel größer erscheinen, als er tatsächlich ist.

> Es ist eine wunderbare, aufregende Beschäftigung – ich weiß nicht, wie ich früher überhaupt ohne das Gärtnern leben konnte ... Frauen haben oft Feingefühl und Phantasie ... das Säen ist wie eine Geburt, manchmal ist es geradezu erotisch ... als ich in Pension ging, vermißte ich die Gespräche mit Menschen, durch den Garten aber habe ich die großartigsten Freunde gewonnen.

In Somerset haben Sandra und Nori Pope einen Garten ganz anderer Art geschaffen und auf dem weitläufigen Staudenbeet die Prinzipien Gertrude Jekylls buchstabengetreu umgesetzt. Die beiden Kanadier kamen nach Großbritannien, weil sie ein Land sehen wollten, „in dem ernsthaft gegärtnert wird". Nori, ein Botaniker, hatte in Vancouver eine auf alte Strauchrosen spezialisierte Gärtnerei und veranstaltete einen Abendkurs über den Gartenbau, an dem Sandra teilnahm. Nach ihrer Heirat reisten sie nach England, um Gärten zu besichtigen und eventuell ein Haus zu mieten. Jane Taylor

UNTEN
Sandra Pope säubert den roten und purpurnen Abschnitt des langen, geschwungenen Staudenbeetes in Hadspen.

LINKS
Frieda und Joe Brown in ihrem winzigen Garten in Leeds. Bei dem Wettbewerb „Flowers for Leeds", veranstaltet vom Wohnungsamt von Leeds zusammen mit der *Yorkshire Evening Post*, gewannen sie einen Silberpokal.

LINKS
Papaver orientale, ‚Mrs Merrow's Plum', eine der schönsten aller Mohnsorten und eine Entdeckung von Sandra und Nori Pope, wächst im purpurnen Bereich des Beetes.

zeigte ihnen Hadspen, den ehemaligen Garten von Penelope Hobhouse, der inzwischen etwas vernachlässigt und verwildert war. Sie beschlossen, den ummauerten Garten zu mieten, in dem bis dahin keine Blumen kultiviert worden waren, und einen Teil des Originalgartens zu rekonstruieren.

Sandra Pope nahm sich das breite Beet vor, das sich vor der 700 Meter langen, geschwungenen Mauer hinzog. Dem Farbspektrum folgend, begann sie mit Gelb- und Grüntönen, dann folgten Blau und Violett und schließlich die glühenden Scharlach- und Rottöne.

> Selbst dieser Platz reicht nicht aus. Um keine abgegrenzten Farbblöcke zu erhalten, sondern fließende Übergänge, mußten wir Kompromisse eingehen.

Jede einzelne Pflanze der Rabatte wurde sorgfältig so plaziert, daß sie die Farbtöne ihrer Nachbarn ergänzt und unterstreicht. Geradezu exquisit ist die Zusammenstellung der Farben, vom reinen Eisblau der Iris bis hin zum tiefen Pflaumenblau eines orientalischen Mohns, dem apricotfarbene Lupinen zugesellt sind.

Einige Tage in der Woche steht der Garten mit angeschlossener kleiner Gärtnerei Besuchern offen. Er ist ein beliebtes Ziel für Gartenrundreisen.

> Wir wechseln uns als Obergärtner ab. Nori versteht etwas von Abständen, Größenverhältnissen, Formen und Schatten. Ich denke nicht in solchen Kategorien. Gerade Linien und räumliches Denken sind überhaupt nicht mein Fall. Aber Frauen haben, glaube ich, ein besseres Farbempfinden als Männer ... Wir reden endlos darüber.

Nochmals eine Nummer größer ist Nancy Lancaster, heute in den Neunzigern und eine der großen Damen des Gartenbaues in Großbritannien. In den USA geboren und aufgewachsen, wurde sie zum Teil in Europa ausgebildet. Als junge Frau fuhr sie regelmäßig nach Cliveden zu ihrer Tante Nancy Astor, der ersten weiblichen Abgeordneten im Parlament. Nach ihrer Vermählung mit Ronald Tree, der bald schon ein Abgeordneter der Konservativen werden sollte, kam sie 1926 endgültig nach England. Sie mieteten Kelmarsh, ein stattliches georgianisches Haus in Northamptonshire. Das erste wirkliche Zuhause in England war Ditchley Park in Oxfordshire. Als während der nächtlichen deutschen Bombenangriffe im Zweiten Weltkrieg Chequers, der Landsitz des britischen Premiers, als zu gefährdet galt, waren hier häufig Winston Churchill und sein Gefolge zu Gast. Der Landschaftsarchitekt Sir Geoffrey Jellicoe wurde damit beauftragt, den formal gegliederten Garten wiederherzustellen. Dafür entwarf er eine Terrasse, deren Abschluß eine geschwungene Wasserwand bildete, wie man sie von toskanischen Villen kennt. Er erinnert sich an die Pracht einer bestimmten Party, die dort 1938 stattfand, als der Halbbruder Ronald Trees, Peter Beatty, das Derby in Epsom gewonnen hatte.

> Sie luden 2000 Gäste ... und Nancy bestand darauf, daß alle Damen entweder rot oder weiß ... und die Herren schwarz gekleidet kämen, und wie sich diese im Garten bewegten, war wirklich schön anzusehen ... auf der Terrasse war vorübergehend ein Pavillon aufgebaut, den Oliver Messel gestaltet hatte, und überall erklang Musik ... Sie verdienten Geld auf dem Rennplatz und [verpraßten] es bei dieser Party ... in großem Stil.

Inneneinrichtung war eine akzeptable Beschäftigung für eine Frau von Nancy Lancasters Herkunft, und sie hatte seit jeher ein Gefühl für Häuser und deren Aussehen. Ihr gelang die Verbindung zwischen der Strenge englischer Landsitze und einer gewissen Gemütlichkeit und Atmosphäre, und sie setzte als erste die amerikanischen Vorstellungen von Komfort in Schlafzimmern und Bädern um. Bei Kriegsende stieg sie bei Colefax and Fowler ein.

Sie gestaltete einen Teil der Räumlichkeiten des Unternehmens in einem Stil, der laut Stanley Falconer, dem Chef des Unternehmens, bahnbrechend war und „überall kopiert" wurde: gelb lackierte Wände, geraffte Vorhänge aus zwei Lagen Schantungseide in zart abgestuften Gelbtönen und vergoldete Gardinenstangen. In ihrem Haus in Haseley Court verarbeitete sie handgemalte Kopien von Tapeten des 18. Jahrhunderts; zudem bevorzugte sie bemalte Möbel und Bezugsstoffe mit Petit-point-Stickerei. Ein Artikel in *Vogue* bescheinigt ihr

> ein Talent, Gegenstände richtig zu plazieren, und ein instinktives Gespür für Möbel, beinahe ein geheimes Einvernehmen mit schönen Dingen, als könne sie sie rufen, und sie kämen zu ihr.

Im Alter von 96 Jahren präsentiert sie sich vor zahlreichen Photos von Cecil Beaton noch immer flott gekleidet, die Farben – Gelb, Blau oder Schwarz und Weiß – perfekt aufeinander abgestimmt und auf dem Kopf einen passenden Hut in verwegener Schieflage. Zwei große, elegante Hunde leisten ihr Gesellschaft und unterstreichen ihre Erscheinung. Ihre Stimme ist tief und rauh, und sie lacht viel – manchmal auch über sich selbst. Sie hat immens viel Charme, und jeder, der sie kennt, erinnert sich voller Zuneigung an sie.

OBEN

Das Photo aus früheren Tagen zeigt Nancy Lancaster beim Gießen ihres rot-gelben Beetes in Haseley Court.

RECHTS

Das Buchsbaumrad mit seinen acht Speichen und den gepflasterten Wegen in Haseley Court.

Ihren ersten Garten hatte sie in ihrer Heimat Virginia. Dort besaß ihr Großvater in Mirador am Fuße der Blue Ridge Mountains ein Haus. „Die Berge schienen, blauem Ruß gleich, bis hinunter in den Garten zu kommen ... und der Boden war eine Art roter Ton.“ Im Sommer war der Garten durch die trockene Hitze ausgedörrt, der lange Frühling und Herbst aber verwandelten ihn in ein zauberhaftes und betörendes Paradies. Sie erinnert sich an „das Gewirr von Geißblatt, zwischen dem man hindurchging, und am Ende sah man die Berge“.

1955 entdeckte Nancy Lancaster Haseley Court in Oxfordshire. Es war 1703 entstanden und seither mehrfach erweitert worden, der Garten aber war schon 1540 von John Leyland beschrieben worden.

An dem Haus war seit langem nichts mehr gemacht worden, aber den als Schachbrett ausgelegten Formschnittgarten aus dem 16. Jahrhundert hatte man 1850 neu bepflanzt. Er wurde noch immer von einem örtlichen Gärtner beschnitten, obwohl alles andere von Brennesseln überwuchert und insgesamt heruntergekommen war. Sie war von der schieren Größe des Anwesens überaus fasziniert.

> Was Land anbelangt, bin ich ein fürchterlicher Snob. Ich liebe Land, und es beeindruckt mich ungeheuer. Man zeige mir einen alten Trunkenbold; wenn er Land besitzt, muß ich mich einfach an ihn heranmachen. Ist das nicht seltsam? Um Geld oder Titel geht es mir überhaupt nicht ... aber um das Land. Ich bin richtig gierig danach und kann nicht genug davon kriegen!

Schließlich erwarb Nancy Lancaster Haseley Court, ließ es innen renovieren und begann mit der Gestaltung des Gartens, wobei sie stets ihren ersten romantischen Garten in Virginia vor Augen hatte. Die Schachfiguren aus Buchsbaum und Eibe erhielten eine Unterpflanzung aus Heiligenkraut und Lavendel, und die Brettfläche wurde abwechselnd mit Eibe und Iberischer Lorbeerkirsche eingefaßt. Jenseits davon erstreckt sich in Richtung der Chiltern-Hügel die herrliche, leere Landschaft von Oxfordshire.

Wieder half Geoffrey Jellicoe bei der Anlage einer erhöhten Terrasse vor der im Queen-Anne-Stil gehaltenen Stirnseite des Hauses. Im Schutz der Hauswand gedeihen duftende, zartgrau belaubte Sträucher. Vor kurzem wurde als Ersatz für die Kastanienallee eine zweireihige Lindenallee angelegt, die sich jetzt von der Vorderseite des Hauses über einen versenkten Grenzzaun hinweg bis zum Horizont erstreckt.

Die Reste eines Wassergrabens aus dem 15. Jahrhundert wurden in einen Kanal verwandelt, der in einem Wasserbecken mit einer kleinen Kaskade endet, in dem sich Enten und Goldorfen tummeln. Der Kanal verläuft am Ende eines waldigen Gartens, dessen Bäume mit Christrosen, Lilien und früh blühenden Zwiebelgewächsen unterpflanzt sind.

Aus einer Heuwiese machte Nancy Lancaster einen eingefriedeten Garten. Wege, an deren Schnittpunkt ein Gartenhaus im Neuengland-Stil steht, teilen ihn in vier Bereiche. Ein Viertel ist ein Parterre mit einem Buchsbaumrad mit acht Speichen und Schnörkeln; dazwischen verlaufen Wege mit Flintkopfsteinpflaster, die sich zwischen den niedrigen Hecken hindurchwinden; des weiteren gibt es einen Krocketrasen mit alten und kletternden Rosen an graublau gestrichenen Pyramiden aus Holzgittern; das dritte Viertel ist ein Gemüsegarten mit Meerkohl, Irisarten, Früchten und Gemüsen und das vierte ein Rasen, eingefaßt von Strauch- und Blumenrabatten mit Lavendel, Fuchsie und Akelei. Dieser Garten ist auf zwei Seiten ummauert. Auf den beiden anderen Seiten verlaufen lange Tunnel aus ineinanderwachsenden Linden, an deren Ende jeweils eine besonders schöne Statue oder ein großer Topf aufgestellt wurden.

Nancy Lancaster ist nach eigener Einschätzung keine konventionelle Gärtnerin. Sie liebt altmodische Blumen wie Geißblatt, klassische Rosen, Stockrosen, Mohn und Fingerhut, und sie mag es, wenn Ein- und Zweijährige sich selbst aussäen. Dieser Gartenstil verlangt von den Gärtnern eine gewisse Toleranz. Sie strebt einen leicht nostalgischen Effekt an: „Ich mag es, wenn die Dinge etwas jämmerlich und leicht heruntergekommen sind.“ Der Rand eines Beetes sollte „wie der Unterrock einer alten Frau“ sein. Ihre Freundin Imogen Taylor beschreibt diesen Stil als „schäbigen Chic“. Anfangs kaufte sie viele ihrer Pflanzen in Waterperry, wo sie häufig Miss Havergal besuchte und die ehrgeizige junge Valerie Finnis ermutigte. Trotz ihres Gartenpersonals packte sie, wie sie sagt, selbst kräftig zu:

> Ich erinnere mich, wie ich um fünf, sechs Uhr morgens aufstand. Ich konnte es kaum erwarten, mit den Händen im Dreck zu wühlen. Ich genoß das richtig. Das Selbermachen ist meiner Meinung nach das eigentlich Schöne am Garten.

Vor einigen Jahren verkaufte Nancy Lancaster das Haus. Den ummauerten Garten hat sie behalten und ist in den Wagenschuppen nebenan gezogen. Inzwischen an den Rollstuhl gefesselt, kann sie sich nicht mehr bücken, um Unkraut zu zupfen oder welke Blüten zu entfernen. Aber ihre Begeisterung und die Erinnerungen hat sie sich bewahrt.

> An allen Häusern, in denen ich gelebt habe, hatte ich eine ungeheure Freude ... Ich halte es für ein riesiges Glück, daß ich tun konnte, wonach mir der Sinn stand. Ich kann mich also nicht beklagen.

Von allen Gärtnerinnen, die Erwähnung verdient hätten, wurden hier nur einige vorgestellt. Hinsichtlich ihres Backgrounds unterscheiden sie sich ebenso wie in ihren Gärten, doch sie teilen die gleichen Leidenschaften für Pflanzen, ihre Vermehrung, Auswahl, Zusammenstellung, Präsentation und Kultivierung. Sie gehören Gartenbaugesellschaften und -organisationen an; sie halten Vorträge, sind Jurorinnen, reden und schreiben über ihr Hobby; sie sind erfüllt von diesem Thema. Für sie alle ist der Garten eine Quelle der Freundschaft und Kreativität, Zuflucht und Inspiration. Nur wenige Tätigkeiten sind derart fesselnd. Vielleicht sollten wir so schließen, wie wir auch begonnen haben, mit einem Zitat der amerikanischen Schriftstellerin und Dichterin Alice Walker:

> ... meine Mutter [schmückte] jedes schäbige Haus, in dem wir zu wohnen gezwungen waren, mit Blumen ... Was immer sie pflanzte, wuchs wie durch Zauberei ... So schöpferisch war sie mit ihren Blumen, daß ich mich sogar an die Armut nur durch einen Schleier von Blüten erinnern kann – Sonnenblumen, Petunien, Rosen ... Rittersporn, Verbenen ... und so weiter ... ein Garten ... so strotzend von Leben und Kreativität, daß die Leute – völlige Fremde – bis auf den heutigen Tag ... bitten, das Kunstwerk meiner Mutter betreten und darin umherlaufen zu dürfen.

Von dem blau gestrichenen Gartenhaus in Haseley schweift der Blick über die Beete, die auf einer ehemaligen Heuwiese entstanden.
Alle Einrichtungselemente im Garten sind blau, denn weiße Möbel, so scherzt Nancy Lancaster, erinnern sie unwillkürlich an Aspirin.

BIBLIOGRAPHIE

AMHERST, ALICIA: *A History of Gardening in England*, London 1910.

ARCHITECTURAL ASSOCIATION: *Miss Gertrude Jekyll 1843-1932 Gardener*, Katalog zur Ausstellung der A. A., London 1981.

BLACKWELL, ELIZABETH: *Das Kräuterbuch der Elizabeth Blackwell*, 1991.

BLUNT, WILFRID: *The Art of Botanical Illustration*, London 1950.

BRAY, LYS DE: *Fantastic Garlands*, Poole 1982.

BRAY, LYS DE: *Cottage Garden Year*, London 1983.

BROWN, JANE: *Vita's Other World*, London 1985.

BROWN, JANE: *Eminent Gardeners: Some People of Influence and Their Gardens, 1880-1980*, London 1990.

CHATTO, BETH: *The Dry Garden*, London 1978.

CHATTO, BETH: *The Damp Garden*, London 1982.

CHATTO, BETH: *Plant Portraits*, London 1985.

CHATTO, BETH: *Garden Notebook*, London 1988.

CHIVERS, SUSAN und WOLOSZYNSKA, SUZANNE: *The Cottage Garden: Margery Fish at East Lambrook Manor*, London 1990.

COLVIN, BRENDA: *Land and Landscape*, London 1970.

DESMOND, RAY: *Loudon and Nineteenth Centuruy Horticultural Journalism*, in: Elisabeth B. MacDougall (Hrsg.): *John Claudius Loudon and the Early Nineteenth Century in Britain*, Dumbarton Oaks Colloquium 1980.

DUTHIE, RUTH: *Florists' Flowers and Societies*, Shire Garden History 1988.

EARLE, MRS. C. M.: *Pot-Pourri from a Surrey Garden*, 1897.

ELLIOTT, BRENT: *Victorian Gardens*, London 1986.

EVELYN, JOHN: *The Diary of John Evelyn*, Hrsg. E. S. Beer, London 1959.

FESTING, SALLY: *Gertrude Jekyll*, London 1991.

FISH, MARGERY: *We Made a Garden*, London 1956.

FLETCHER, H. R.: *The Story of the Royal Horticultural Society 1804-1968*, London 1969.

GERARD, JOHN: *The Herball*, London 1597.

GOULD, STEPHEN JAY: *Das Lächeln des Flamingos*, Frankfurt/M. 1995.

GREER, GERMAINE: *Das unterdrückte Talent*, Berlin, Frankfurt/M., Wien 1980.

HARVEY, JOHN: *Early Nurserymen*, London 1974.

HARVEY, SHEILA (Hrsg.): *Reflections on Landscape: The Lives and Work of Six British Landscape Architects*, Aldershot 1987.

HAYDEN, RUTH: *Mrs. Delany, her Life and her Flowers*, London 1980.

HOBHOUSE, PENELOPE: *The Country Gardener*, Oxford 1976.

HOBHOUSE, PENELOPE: *Farbe im Garten*, Stuttgart 1986.

HOBHOUSE, PENELOPE: *Die Kunst der Gartengestaltung*, Köln 1989.

HOPE, FRANCES: *Notes and Thoughts on Gardens and Woodlands*, London 1881.

HUGHES, SOPHIE: *Carnations and Pinks*, Ramsbury 1991.

HYLL, THOMAS (MOUNTAIN, DIDYMUS): *The Gardeners Labyrinth*, London 1577.

JACKSON, MARIA E.: *The Florist's Manual*, London 1827.

JEKYLL, GERTRUDE: *A Gardener's Testament*, London 1937.

JOHNSON, HUGH (Hrsg.): *The Garden: A Celebration of One Thousand Years of British Gardening*, Katalog, Victoria & Albert Exhibition, 1979.

JOHNSON, LOUISA: *Every Lady her Own Flower Gardener*, London 1837.

JOHNSON, LOUISA: *Every Lady's Guide to her Own Greenhouse*, 1851.

LAWRENCE, JOHN: *A New System of Agriculture, a Complete Body of Husbandry and Gardening*, 1726.

LAWRENCE, MARY: *A Collection of Roses from Nature*, 1799.

LAWSON, WILLIAM: *Countrie Houswifes Garden*, 1983.

LE LIEVRE, AUDREY: *Miss Willmott of Warley Place*, London 1980.

LOUDON, JANE: *Instruction in Gardening for Ladies*, London 1840.

LOUDON, JANE: *Ladies' Companion to the Flower-Garden*, London 1841.

LOUDON, JANE: *The Ladies' Country Companion*, London 1846.

LOUDON, JOHN CLAUDIUS: *Eine Encyclopädie des Gartenwesens*, Weimar 1823-1826.

MABEY, RICHARD: *The Flowering of Kew*, London 1988.

MADDY, URSULA: *Waterperry: A Dream Fulfilled*, 1990.

MARSH, JAN: *Back to the Land: The Pastoral Impulse in England from 1880 to 1914*, London, New York 1982.

MASSINGHAM, BETTY: *A Century of Gardeners*, 1988.

MEE, MARGARET: *In Search of Flowers of the Amazon Forest: Diaries of an English Artist*, Hrsg. Tony Morrison, Woodbridge 1988.

MERIAN, MARIA SYBILLA: *The Wondrous Transformation of Caterpillars*, London 1978.

MITFORD, MARY RUSSELL: *Our Village*, London 1824-1832.

MITFORD, MARY RUSSELL: *My Garden*, 1990.

MORIARTY, HENRIETTA: *Fifty Plates of Greenhouse Plants*, London 1803.

MURRAY, CHARLOTTE: *The British Garden*, Bath 1799.

NORTH, MARIANNE: *A Vision of Eden: The Life and Work of Marianne North*, Exeter 1980.

PAGE, RUSSELL: *Ich schuf Gärten in aller Welt*, Köln 1992.

PARKINSON, JOHN: *Paradisi in Sole Paradisus Terrestris*, London 1629.

PAVORD, ANNA: *Garden Companion*, London 1992.

PERENYI, ELEANOR: *Green Thoughts: A Writer in the Garden*, 1983.

PERRY, FRANCES: *Water Gardening*, London 1938.

PRATT, ANNE: *Flowers and Their Associations*, London 1840.

PRATT, ANNE: *Flowering Plants, Sedges and Ferns of Great-Britain*, 1846.

RANSON, FLORENCE: *British Herbs*, 1949.

READ, HERBERT: *The Meaning of Art*, London 1951.

ROBINSON, WILLIAM: *The Wild Garden*, London 1870.

ROHDE, ELEANOR SINCLAIR: *The Story of the Garden*, London 1932.

ROSS-CRAIG, STELLA: *Drawings of British Plants*, 31 Bd., London 1962-1963.

ROTHSCHILD, MIRIAM UND FARRELL, C.: *The Butterfly Gardener*, London 1983.

ROTHSCHILD, MIRIAM: *Dear Lord Rothschild*, London 1983.

ROUSSEAU, JEAN-JACQUES: *Botanik für Frauenzimmer*, Leipzig 1871.

SACKVILLE-WEST, VITA: *Vita Sackville-West's Garden Book*, New York 1968

SOCIETY OF GARDENERS: *Catalogus Plantarum*, London 1730.

STEARN, WILLIAM: *Flower Artists of Kew*, London 1990.

STEP, EDWARD: *Wayside and Woodland Blossoms*, London 1895-1896.

STRONG, ROY: *The Renaissance Garden in England*, London 1979.

TAYLOR, JANE: *Collecting Garden Plants*, 1988.

TEMPLE, SIR WILLIAM: *Upon the Garden of Epicurus*, 1685. Tusser, Thomas: *A hundreth good pointes of husbandrie united to as many of good huswiferie*, London 1557.

VEREY, ROSEMARY: *The Scented Garden*, London 1981.

VEREY, ROSEMARY und LEES-MILNE, ALVIDA: *The New Englishwoman's Garden*, 1987.

WAKEFIELD, PRISCILLA: *An Introduction to Botany*, London 1796.

WALKER, ALICE: *Auf der Suche nach den Gärten unserer Mütter*, München 1987.

WILLMOTT, ELLEN: *Warley Garden in Spring and Summer*, London 1909.

BILDNACHWEIS

BBC Books dankt den nachfolgenden Personen und Institutionen für die Bereitstellung von Photos und die Genehmigung zur Reproduktion von urheberrechtlich geschütztem Material. Wir haben uns bemüht, alle Copyright-Inhaber ausfindig zu machen und aufzuführen. Für etwaige fehlerhafte oder unterlassene Nennungen bitten wir um Entschuldigung.

Seite 2 Royal Horticultural Society; **12** Mary Evans Picture Library; **14** Lord Rockley; **16** Giraudon/Bridgeman Art Library/Musée des Beaux-Arts, Lille; **18** Royal Horticultural Society; **20** Yale Centre for British Art Paul Mellon Collection; **24**, **25 + 28** Royal Horticultural Society; **29** Royal Botanic Gardens, Kew; **33** Royal Horticultural Society; **38** Anne Jones; **42 l. + r.** Royal Horticultural Society; **45** National Portrait Gallery; **48/49** Grosvenor Museum, Chester; **49 + 50** Royal Horticultural Society; **52 o.** Country Life; **52 u.** Mr. R. J. Berkeley; **54** Country Life; **56** National Trust Photo Library/Nick Meers; **58** Country Life; **60** Valerie Finnis; **61** National Trust Photo Library/Eric Crichton; **62** Country Life; **68** Penelope Hobhouse/BBC Photographic Unit/John Jefford; **70** National Portrait Gallery; **72** British Architectural Library/RIBA; **75 o. + u.** East Sussex Country Libraries (Wolseley Collection); **77** University of Reading Library (Studley Collection Archive); **78** Royal Botanic Gardens, Kew; **81** Practical Gardening Magazine/ Malcolm Birkitt; **82** Valerie Finnis; **83** Ursula Maddy; **88** Valerie Finnis; **89** Jan Baldwin; **98** Diany Binny; **108** Hugh Palmer; **109** BBC Photographic Unit/Robert Hill; **115** Royal Horticultural Society; **116/117** Bridgeman Art Library/Christopher Wood Gallery, London; **117** Royal Horticultural Society; **146** The Independent/George Wright; **150** Bridgeman Art Library/ RHS; **151** National Portrait Gallery; 153 ET Archive/R.H.S.; **154-161** (alle) Royal Botanic Gardens, Kew; **164 o. + u.** Valerie Finnis; **165** Richard Pink, Royal Studios, Wimborne; **167 l. + r.** Marion & Tony Morrison; **172** Valerie Finnis; **176** Garden Picture Library/Steven Wooster; **180 + 185** BBC Photographic Unit/Robert Hill; **188** John Glover; **193 o.** George Wright; **193 u.** Photos Horticultural/Michael & Lois Warren; **196** Sunday Times/Alex Dufort; **197** John Glover; **212** Valerie Finnis.

Alle weiteren Photos stammen von **Andrew Lawson**.

REGISTER

Kursiv gedruckte Ziffern verweisen auf die Legendentexte zu den Abbildungen.